中央高校基本科研业务费专项资金（NO. 2015 ZCQ-BH-02）资助
河北大海陀自然保护区综合科学考察项目专项资金资助

河北大海陀国家级自然保护区综合科学考察报告

主　编：邢韶华　武占军　王　楠
副主编：李永霞　池翠兰　任志河

U0821838

中国林业出版社

图书在版编目（CIP）数据

河北大海陀国家级自然保护区综合科学考察报告 /邢韶华，武占军，王楠主编. —北京：中国林业出版社，2017. 6
ISBN 978-7-5038-9169-4

Ⅰ. ①河… Ⅱ. ①邢… ②武… ③王… Ⅲ. ①自然保护区 - 科学考察 - 考察报告 - 赤城县 Ⅳ. ①S759. 992. 224

中国版本图书馆 CIP 数据核字（2017）第 166719 号

出版 中国林业出版社（100009 北京西城区刘海胡同 7 号）
E-mail 36132881@ qq. com 电话 （010）83143545
网址 http://lycb. forestry. gov. cn
印刷 北京中科印刷有限公司
版次 2017 年 6 月第 1 版
印次 2017 年 6 月第 1 次
开本 787mm × 1092mm 1/16
印张 9 图版 8 页
字数 213 千字
定价 56. 00 元

《河北大海陀国家级自然保护区综合科学考察报告》编委会

主　任：郭瑞卿

副主任：李志强　武占军　张玉钧

委　员：邢韶华　王　楠　李永霞　池翠兰　任志河

编写组

北京林业大学参编人员（按姓氏拼音）：

黄治昊　蒲　真　宋　超　王　楠　王清春　邢韶华

于梦凡　余琦殷　张芳玲　张孝然　张玉钧　周　鑫

河北省大海陀国家级自然保护区管理处参编人员（按姓氏拼音）：

池翠兰　范立新　李志强　李永霞　刘永胜　任志河

宋　杰　武占军　张桂芳　张志宏

野外调查工作组

北京林业大学参与调查人员（按姓氏拼音）：

卜祥棋　常昊天　崔岳铭　邓倩靓　丁文皓　古元阳
郭雨桐　韩雪松　黄治昊　姜中文　刘　然　马东辉
毛继君　彭　芳　蒲　真　斯豪文　宋　超　万俊彦
王　珏　王　楠　王　倩　武亚楠　邢韶华　杨　蕾
于梦凡　余琦殷　张　乐　张　莉　张孝然　张英俊
张玉钧　周　鑫

河北农业大学参与调查人员（按姓氏拼音）：

冯印成　刘双楠　马建成　石凤达　汪椿凯　汪恩新
王云鹤　于庆贺

河北省大海陀国家级自然保护区管理处参与调查人员（按姓氏拼音）：

池翠兰　范立新　李永霞　刘永胜　任志河　宋　杰
武占军　张桂芳　张志宏

前言

生物多样性保护是当前国际社会备受关注的问题，克隆技术的突破和转基因技术的发展已经预示，珍稀濒危物种具有无法预测的经济价值。实践证明，建立自然保护区是保护生物多样性的有效手段，可以长期保护典型的自然生态系统、珍稀濒危物种的栖息地和遗传种质资源。

全世界140多年的自然保护区建设实践证明，建立自然保护区不仅仅是保护生物多样性的最佳手段，而且还是建设生态环境、维护区域生态安全的有效措施。1872年，美国建立了世界上第一个自然保护区——黄石公园；1956年我国建立了第一个自然保护区——广东鼎湖山自然保护区，截至2015年年底，我国已建立各种类型、不同级别的自然保护区2740个，保护区总面积约147.03 $\times 10^4$ km^2，陆地自然保护区面积约占国土面积的14.83%。其中，国家级自然保护区446个，面积约96.82 $\times 10^4$ km^2。因此，自然保护区已成为一类特殊的土地利用类型，担负着保护野生动植物资源和维护国土生态安全的重要任务。

随着2001年“全国野生动植物保护及自然保护区建设工程”的全面启动，我国自然保护区建设事业进入了第五个发展阶段，即科学规划建设和经营管理阶段。对自然保护区的野生动植物资源开展综合科学考察是科学规划建设的基础工作和主要依据。

河北大海陀国家级自然保护区位于河北省北部赤城县境内，由于人口相对稀少，人为活动较少，保存着森林草原交错带上大面积的白桦林、山杨林等天然林和野青茅草甸等多种草本植被类型，区内分布有紫椴、野大豆、黑鹳、金雕和白肩雕等多种国家重点保护的野生动植物。受河北省大海陀国家级自然保护区管理处等部门的委托，北京林业大学教师、博士生、硕士生和本科生等30多人在《河北大海陀自然保护区科学考察集》（2002年出版）的基础上，从2012—2013年以及2016—2017年开展了两次，共计近三年的野外考察和室内分析工作。野外考察内容主要包括自然保护区及周边地区的野生动植物资源、大型真菌以及旅游资源等。

在植物种类和分布的调查中，根据河北大海陀国家级自然保护区的自然地理条件，以样线调查的方法开展植物调查工作，主要对蕨类、种子植物等维管束植物的科、属、种进行了全面的调查。对于植物群落的调查，采取系统抽样与随机抽样结合的方法进行取样。森林样地面积为20 m $\times$ 20 m，灌丛植被的样地面积为10 m×10 m，草地植被的样地面积为1 m×1 m。样地调查中记录海拔、坡度、坡向、经纬度和郁闭度等环境因子。记录乔木的种类、高度和胸径。灌木样方记录灌木的种类、高度、株数和盖度。草本样方记录草本的种类、高度、株数和盖度。共计调查群落样地60余块。

脊椎动物是一个大的类群，调查范围包括鸟类、兽类、两栖类、爬行类及鱼类等。鸟类采用样线法调查，调查时利用8×42 mm双筒望远镜观察和记录所有看见和听见的鸟类的种类和数量，同时记录观察时间、生境，并用GPS定位。在春、夏、秋、冬各季节，每1~2月开展一次调查，调查在日出后至11：00和15：00至日落前进行。在进行红外相机调查时，所拍摄的鸟类也用于记录鸟类的种类。兽类调查是在当地向导的指点以及在动物痕迹（足迹、卧迹、粪便、啃食痕迹和取食残迹等）较多或动物经常利用的地点（如兽径、水源点等处）布设红外相机。记录相机放置的日期、GPS位点、海拔、动物痕迹以及人为干扰等信息。调查结束后将设置的相机回收，进行物种识别。在不同的生境布放鼠夹，调查小型兽类种类和数量。两栖爬行类采用直接观察和捕捉等方法，鉴定并记录动物种类和数量。

对于大型真菌的调查，主要采用样线法，即根据植被分布情况确定调查样线，记录大型真菌的名称（大类）、形态特征、环境等。

在综合调查的基础上，参考有关资料，开展了河北大海陀国家级自然保护区科学考察报告的编写工作，在北京林业大学师生与河北省大海陀国家级自然保护区管理处领导和技术人员的密切配合下，完成了本书的编写工作。由于水平所限，时间仓促，文本中的缺陷和错误难免，敬请各位专家和领导指正。

本书编写组

2017年4月

目　　录

第1章　自然环境

1.1　地理位置

大海陀自然保护区行政区域隶属于河北省赤城县，南与北京市延庆区相邻，并以海陀山山脊分水岭为界，与北京松山国家级自然保护区相连，西邻怀来县，东北与赤城县的东兴堡、雕鹗、大海陀乡相连。行政区划涉及赤城县内的雕鹗镇、大海陀乡两个行政乡镇。其中雕鹗镇包括三间房、石头堡、大庙子、纪宁堡四个行政村；大海陀乡包括大海陀村、施家村、姜庄子村和阎家坪村四个行政村。保护区地理范围为东经115°42′57″~115°57′，北纬40°32′14″~40°41′40″之间，自然保护区总面积12634 hm^2。

赤城县位于河北省西北部，东接承德市，南接北京市，西邻张家口市，北靠坝上草原，与丰宁县、怀柔区、延庆区、怀来县、宣化县、崇礼县、沽源县接壤。属潮白河水系白河流域，如图1-1。

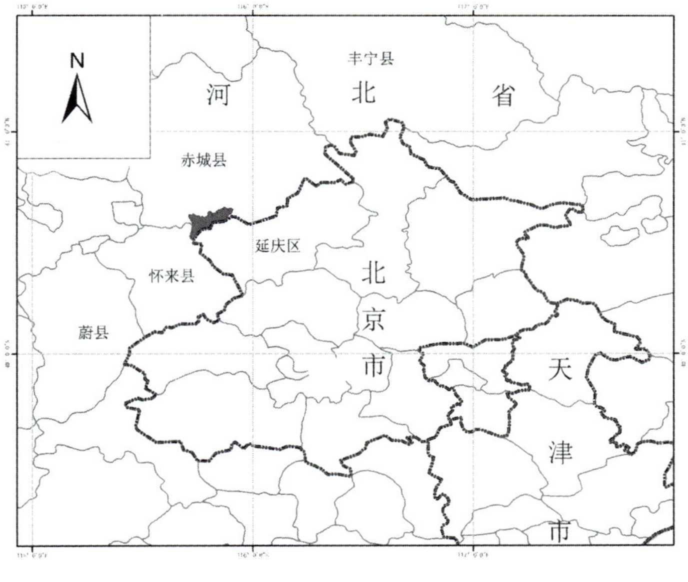

图1-1　大海陀自然保护区地理位置图

1.2　地质地貌

大海陀自然保护区位于河北北部，地处冀北山地和燕山山地，在地形上属于冀北辽西山地，属于华北地台(陆台)构造单元。经过燕山运动之后，大海陀山形态已经形成。

大海陀山的地质构造复杂，这是地质长期发展和演变的结果。在地质构造上，北部属阴山构造带的东段，南部属燕山构造带，他们的分界大致在张家口、承德、朝阳、阜新一线。

1.2.1 地　质

赤城在大地构造中属华北地台的组成部分。根据地质历史发育过程和构造特点，可以分以下几个构造单元，即阴山褶断带、太行山隆起和华北平原沉降带。阴山褶断带北以康宝—赤峰大断裂与内蒙古地槽区相邻；南以张家口—北票大断裂与燕山褶断带相连。华北平原沉降带和太行山隆起北侧以昌黎—宁河断裂、宝坻—桐柏断裂及其向西延线与燕山褶断带相邻，其间以太行山山前断裂为界。

赤城县位于山西地震带上，由于华北平原和山西隆起与其轴部断陷盆地的差异运动，从而形成了一个清冽的地震活动带。类型属构造地震。其震级一般不超过 6 级，空间分布一般 5 级以上，震级全部分布在北纬 41°线以南(赤城大部分区域在此界线之中)，深度一般较浅，在 15 km 左右，地震有规律，且多发区在赤城南、东部一带。

1.2.2 地　貌

大海陀山地处燕山山脉西段，由于地壳受地质作用和强烈的构造运动的影响，使其呈现山体完整、高峰突兀、河谷纵横、沟壑交错、平川局限的特点。主峰海陀山海拔 2241 m。大海陀山西侧为永定河，大海陀山东侧则为北运河(潮白河)水系。

大海陀山在中生代燕山运动所塑造的地貌形态基础上，受长期侵蚀及剥蚀作用后，大部分地区夷成准平面，以后经过抬高，保存于现在的山顶。自第三纪的喜马拉雅运动及其第三纪末期以来新构造运动，山地处于上升过程，对地貌的影响很大，它不仅影响今日地表的起伏状况，而且也决定地貌的细节发育速度与方面，更新世和始新世的新构造运动，地壳间歇升降和断裂，多次剥蚀、夷平和堆积，形成目前山地地貌明显阶梯性特征。

大海陀山的地貌类型可划分为山地、丘陵和小型盆地。以山地为主，但不同地区，因内、外营力作用性质和强度的分异，故反映在地貌的成因和形态上都有差别。不同的地貌类型，决定了现代地貌作用方式。今后对自然保护区因地制宜地开发利用，地貌条件是考虑的重要因素之一。地貌类型的划分采取以成因为主，形态与成因相结合的原则，在成因中，以形成现在地貌形态特征的营力来划分，即采用主导成因原则来划分。

根据海拔高度和形态差异可分为中山、低山、丘陵和盆地。根据大海陀山的海拔高度，2000 m 以上为中山；以海拔 1200 m 高度来划分低中山与低山；以海拔 1000 m 高度来划分低山和丘陵、山间盆地。

1.3 气　候

大海陀自然保护区气候属于暖温带至温带的过渡带，半湿润半干旱季风气候，气候特点是：四季分明，冬季最长，夏季次之，春、秋短促。各季的气候概况如下：

春季：气候回升快，日差较大。但冷暖空气活动频繁，气温多变，时有大风、降温天气(大风日数约占全年大风月数的35%~40%，日平均气温24 h下降6℃以上的日数占全年日数的45%左右，多数年份有寒潮出现，有些年份还出现倒春寒天气)。春季(3~5月)降水量为50~80 mm，仅占年降水量的10%左右，而蒸散量要占年蒸散量的25%~30%。由于气温回升快，湿度小，蒸发力强，故土壤较干燥，但在阴坡由于有积雪融化，土壤较湿润。大风天灰沙蔽日的现象时有发生，大风停息后，气温迅速回升。春季短促，时有晚霜，约两个月即进入夏季，这也是山区大陆性气候的一个特点。

夏季：炎热多雨是其显著的特点。7月份平均气温在15~20℃。夏季(6~8月)降水量在350~450 mm，约占全年降水量的75%以上。而7~8月降水量要占65%左右。降水强度较大，往往是几次暴雨或一两次暴雨加几次大雨的降水量就相当于月降水量。

秋季：冷暖适宜、晴朗少雨是本季的特点。秋季(9~11月)降水量50~80 mm。季降水量只占年降水量的15%左右。降温迅速，早霜较早来临，山顶在10月有时出现降雪，使得秋季的持续时间比春季还要短，只有50天左右，秋季一场强冷空气南下便进入冬季。

冬季：寒冷干燥、多风少雪、季节漫长(5个半月左右)是本季的特点。各月平均气温均在0℃以下，冬季降水量只有10 mm左右，仅占年降水量的2%。寒潮、大风年年发生，只是强度及次数不同而已。

1.3.1　日照和辐射

(1)日照。大海陀山地区属于东亚大陆性季风气候中温带亚干旱区。全年日照时数约2768 h，为可照时数的62%。日照时数最多为5~6月份，可达260~280 h；最低为12月，日照时数近200 h。年日照百分率为64%左右。

(2)太阳辐射。大海陀山地区平均年总辐射量为5600 MJ/m²，年总辐射值的大小，主要决定于当年云量和日照的多少。大海陀山地区直接辐射和散射辐射的变化趋势，与总辐射的变化是一致的，就季节而言，夏季最大，冬季最小，春、秋介于夏冬之间。所不同的是直接辐射和散射辐射的年变化曲线呈双峰型。1~6月直接辐射随太阳高度角的增大和日照时间的增多逐月递增；6月达到全年最大值；7月进入雨季，云量剧增，日照时数锐减，直接辐射急降；8、9月略有回升，10~12月又逐月减小。一年之中，散射辐射以5月为最大，12月为最小。

1.3.2　气　温

大海陀山地区的年平均气温在3~4℃。1月(冬季)平均气温-12℃左右，4月(春季)7℃左右，7月(夏季)19℃左右，10月(秋季)6℃左右。年平均最高气温为14℃，年极端最高气温25℃；年平均最低气温2℃，年极端最低气温-27℃，气温年较差达50℃。≥10℃年积温为1600~2000℃。

大海陀山地区的霜期初霜日为10月1日左右，终霜日为4月21日左右。年平均无霜期85~90天。

1.3.3　冻　土

大海陀山地区地表土壤开始冻结的平均日期在10月下旬至11月上旬之间，地表土壤开始解冻的平均日期在4月上旬至4月下旬。冻土深度60~70 cm，最大冻土深度达100 cm以上。

1.3.4 降 水

大海陀自然保护区位于大海陀山地区的背风区（阴面即北坡），降水量相对较少，年降水量为480~550 mm。由于受季风气候的影响，降水的季节分配极不均匀，全年降水量的70%~75%集中在夏季(6~8月)。

大海陀山地区年降水天数为75天左右。降水天数的季节分配与降水量的季节分配相一致，即夏季最多，秋、春季次之，冬季最少。

大海陀自然保护区初雪日期一般在10月中旬，终雪日为4月下旬以后，平均降雪日数10~20天，积雪日数达50天以上，降雪深度20 cm，最大降雪厚度达30 cm以上。

1.3.5 湿度和蒸发

(1)湿度。空气湿度，是指空气干湿的程度，其大小决定于空气中水汽含量的多少及气温的高低。大海陀山地区年平均相对湿度、水汽压均以冬季(1月)最小，夏季最大，秋季次大，春季次之。

年平均相对湿度为68%。1月最低，为50%；4月次低，为55%；7月最高，为78%；10月为65%。

(2)蒸发。蒸发是在水面或是冰面上发生的汽化现象，只要水汽压比当时的饱和水汽压小，就会出现蒸发，常用蒸发量来表示。大海陀山地区年平均蒸发量约为1550 mm。蒸发量的大小是湿度、风速、饱和差等气象因子综合作用的结果，而气温是主要的影响因子，所以蒸发量的年变化与气温的年变化趋势大体一致。大海陀山地区冬季气温最低，蒸发量最小，仅有36 mm，占全年蒸发量的2%~3%。春季气温升高，饱和差大，风速大，故蒸发量也大，5月是全年蒸发量最大的月，高达266 mm，占年蒸发量的15%~17%。夏季气温虽比春季高，但风速和饱和差均比春季小，故夏季蒸发量大于春季。入秋后，气温降低，蒸发量逐渐减少。

1.3.6 气压与风

大海陀山地区的年平均气压为864 hPa。地面气压冬高夏低，1月最高，7月最低，正好与气温的年变化相反。年较差约为20 hPa。地面气压的月际变化值，冬夏小，春秋大。

大海陀山地区属于季风气候区，冬季盛行偏北风，夏季盛行偏南风，春、秋为南北风向转换季节。不同地形条件有不同的盛行风向。河谷地带盛行风向多与山谷、河流的走向一致。全年风向以西北风和静风为主导。风速季节变化明显，冬春季平均风速最大，尤其是西北偏北风的风速最为突出，最大风速可达20 m/s。年平均风速3 m/s，风力2~3级。

地形对风速的影响较大，当冷空气自坝上和张家口下沉时，大海陀山海拔高度在2000 m以上，将冷空气抬高，使西北风经昌平南口向东南部平原倾泻，形成风廊，风廊内风速较大，尤其是通县、大兴东部等地更为明显。

1.3.7 自然灾害

(1)冰雹。冰雹是重要的灾害性天气之一。大海陀山地区降雹较频繁，几乎年年造成不同程度的灾害，年平均降雹日数达13天，严重地威胁着农业的稳产高产。大海陀山地区降雹的日变化比较明显，多出现在午后到傍晚(12：00～17：00)，主要集中在夏季。

(2)寒潮与冷空气活动。大海陀山地区几乎年年都出现寒潮，多出现在秋末冬初和冬末春初时节。往往是大风、降温同时出现，24 h内下降8～12℃。风速12～20 m/s。

(3)大风。大海陀山地区年最多大风日数30天以上，对农作物和植物生长带来不利影响。

1.4 水文与水资源

1.4.1 大气降水

大海陀山地区的降水量为500 mm左右，年降水总量为2.16亿m^3。其降水特点是：年际变化较大，丰枯交替频繁，且偏枯年份较多，年内分配很不均匀，呈"单峰型"，6～9月份降水量占全年总降水量的70%～80%，并且多发生历时短、强度大的暴雨，常造成山洪；从空间变化看，南北变幅大于东西两侧，降雨多为山地或高山的锋面雨。南坡的北京市延庆区松山自然保护区降水量比北坡的大海陀自然保护区要大。

1.4.2 地表水

大海陀自然保护区的水系为海河流域，潮白河水系。

潮白河水系的上游有东西两条支流在密云水库汇集，东边为潮河，西边为白河。白河在密云区北部又分为3条支流，其西面支流为白河以及白河重要支流红河，中间支流的上游在赤城县境内为黑河。所以赤城县境内主要为黑河、白河、红河三条河流，其他支流多为季节河。主要特征是：雨季河水暴涨，易成泛洪，干旱季节众小支流干涸无水。支流呈现羽毛状分布，由于受东南暖空气影响，右岸支流多于左岸。地表水的pH值在7.6～7.9之间。

1.4.2.1 白 河

古称沽河、沽水，其源：一为独石水，发源于沽源县九龙泉，由独石口镇北栅口入赤城县境内，称西河；一为红石河，由红石山经独石口镇城东为东河，流至赤城南汇合，经独石口、猫峪、云州、赤城镇、样田、后城6个乡镇，由后城镇河东村出境，入北京市延庆区，下流注入白河堡水库。全长129 km，流域面积4048.3 km^2，河道比降为10.3%。白河为常年河，年平均流量8.2 m^3/s，最小流量为0.32 m^3/s。雨季，各支流均有洪水注入，洪水量为525 m^3/s，形成河流年内最大流量。结冰期为150天左右。

1.4.2.2 红　河

又名阳乐河、阳曲河。发源于龙关镇大龙王堂，因其流经铁矿，河水呈红色而得名。由西北绕东南流经赤城县境内龙关镇、雕鹗乡、东兴堡乡，汇入白河，长 47 km，流域面积 1190 km^2，河道比降为 7%，为常年河。

1.4.2.3 黑　河

黑河是赤城县三大河流之一，位于赤城县东部，源于河北省张家口市赤城县黑龙山森林公园境内，因河底有青苔，水呈黑色，得名黑河，俗称黑河沟。黑河流经三道川乡、白草镇、东万口乡、茨营子乡、东卯镇，进入北京市怀柔区，汇入白河，最终流入密云水库。

1.4.2.4 河流水文特征

大海陀自然保护区境内的河流，均属于红河、白河上游的小支流流域，西面较大支流有东山庙河，东面几条小支流就直接注入白河。

由于各种自然因素，特别在地形和气候条件的影响下，其河流的水文特征：

(1)河床比降变化大：各河流由山区进入平原，河床比降变化大，没有明显的缓冲地段。各河上游流经山区，坡陡流急，落差很大，是开发水利资源的良好条件。有的河流，流经峡谷，迂回曲折，宜于梯级开发。各河流进入盆地、平原，比降骤然减少，水流缓慢，形成了大量的堆积，因而使河床形成易游的特性。

(2)水位变化显著：本区年降水量都在 500 mm 左右，但变率大，降水量多集中于夏季，7、8 两月的降水量约占全年降水量的 60% 左右。因此，各河此时为汛期，水位急速上升。又因多暴雨，洪水有突涨突落的现象，水量亦随之有很大变化。其余时间内，尤其在冬、春两季，因降水稀少，成为干燥季节，河流水量很少，甚至可以断流，个别支流为季节河流。

(3)河流含沙量大：由于降水量多集中于夏季，山区植被稀少，暴雨又多，产生地表径流，造成水土流失，含有大量沙泥，顺流而下。而从林区流出的水，由于茂密的植被保护，河流含沙量小，并且细水长流。冬春季节冻结时间较长，当雪融化时，雪水由枯枝落叶层中逐渐流失，故水土流失极轻，含沙量很少，基本上是清水，森林植被的涵养水源作用效果显著。

1.4.3 地下水

地下水补给在大海陀山地区主要有两种方式：一是降水直接入渗；二是高山水蒸气直接在空中凝结，降落后补给裂隙水。中层地下水主要分布在白河河谷，以及白河流域的大海陀主沟等地；中浅层地下水主要分布在黑河、白河和红河中下游；浅层地下水主要分布于黑河、白河下游沿河两岸的部分地区。地下水 pH 值在 7.06~8.66 之间。

1.4.4 潭　泉

大海陀自然保护区及周边地区有泉眼多处，有记载的有：

黑龙潭：又名海陀山潭，位于东兴堡乡石头堡村南 5 km 处的海陀山东麓幽谷。世传神话中的黑龙居其中，岁旱祷雨辄应而得名。

娘娘泉：位于大海陀乡大海陀村西 1 km 处。水源从石缝喷涌 10 m 高，后人炸石取水，致水不喷射仍自流。因传说水母娘娘在此挤奶汁成泉而得名。

白龙潭：位于后城乡河西堡西南 2.5 km 处，源出南山下，方圆约 10 m。清澈见底，水纹如锦。今人在其址修一水库，原潭隐水底。

1.5 土 壤

大海陀自然保护区的土壤，主要成土母质是残坡积物、黄土和冲洪积物。残坡积物又分为花岗岩残坡积物、基性残坡积物和碳酸残坡积物 3 种。不同性质的成土母质，形成大海陀自然保护区土壤的复杂性和多样性，也影响了所发育土壤的理化性状。由残坡积物、黄土质、冲洪积物及风积物形成的各类土壤，表现为质地粗、通气好、土性热、增温快，但土壤养分贫瘠，水肥保持能力弱。

大海陀自然保护区主要有 3 个土类：棕壤土、褐土、山地草甸土，各有其形成演变规律。

1.5.1 棕壤土

棕壤多发生在海拔 1000 m 以上的中山及中高山山地上，在阴坡面上，天然的次生林被保存较好，小气候较湿润，土体上湿下润，有一定强度的淋溶，发生了棕壤化过程，有棕黏化，铁锰还原氧化、酸化、有机质累积等表现。但由于近代人为活动的频繁，水土流失严重，阴坡棕壤刨面也并不十分典型。在阳坡上，天然林遭破坏，被草灌取代，土壤湿润度减弱，pH 值有所升高，棕壤向生草棕壤土过渡，有的草灌植被进一步遭破坏，土壤地表的小气候环境条件变得干燥，生草棕壤又向棕壤性土过渡。

1.5.2 褐 土

褐土发育在中低山的山地上(海拔在 1300 m 以下)，褐土多为脱淋溶型的。在深山谷地，植被好的地段多为淋溶褐土。发生在黄土母质上的褐土，虽然降雨强度与周围相同，但地形是坡台地，植被遭破坏后，水土流失严重，表土、心土被冲刷掉的，土壤退化到母质阶段或发育初期阶段，淋溶很弱，通体有石灰反应，为石灰性褐土。当淋溶继续进行时，表土的石灰被淋溶到心土层，形成假菌丝体，褐土发育到典型褐土阶段。

1.5.3 山地草甸土

分布在大海陀山顶部，主要在海拔 1800 m 以上的山顶草甸和灌丛植被下，该土壤所处地势高，常处于冰冻潮湿状态。草本植被茂密，主要有苔草、早熟禾、地榆、风毛菊、委陵菜、珠芽蓼等。

参考文献

[1]宋朝枢，蒋瑞海．河北大海陀自然保护区科学考察集[M]．北京：中国林业出版社，2002.

[2]蒋瑞海，王国荣．海陀大观[M]．河北：河北科学技术出版社，2006.

第2章　植物区系

河北大海陀国家自然保护区位于河北省张家口市赤城县南端，处于暖温带大陆性季风气候区，有典型的山地气候，冬暖夏凉、春秋短促的特点显著。在地形地势上，该自然保护区四面环山，南与北京市延庆区相邻，以海陀山山脊为界；在植物区系分区上，自然保护区处于泛北极植物区的中国—日本森林植物亚区；本书在研究大海陀自然保护区植物区系组成的基础上，对比了其与周边地区几个自然保护区的种子植物属的分布类型。研究结果不仅对大海陀自然保护区植物多样性的保护具有重要意义，对研究周边自然保护区的植物区系地理也具有重要意义。

我们在2012~2013、2016~2017年间多次进入大海陀自然保护区内进行考察，并对自然保护区内不同海拔高度的典型植物群落设置样地，进行具体调查。在自然保护区内具有代表性的植物群落中设置调查样地(带)共63个。在63个样地(带)中，有乔木样地45块，样地面积为20 m×20 m，在样地内进行每木调查，测定胸径≥4 cm的所有树种的名称、胸径、树高和林分郁闭度，并在每个样地内的四角和中心设置5个5 m×5 m灌丛样方，每个灌木样方内对角线位置设置2个1 m×1 m草本样方，调查其林下灌木、草本的株数、盖度、平均高。灌丛样地13块，灌丛样地面积为10 m×10 m，每个灌丛样地内的四角和中心设置5个1m×1m草本样方，调查其中灌草的植物名称、株数、盖度、平均高。草甸植物群落样带5条，每隔2 m设置一个2 m×2 m的草本样方，共计50个，记录其内草本植物名称、株数、盖度、平均高。

调查过程中，在野外对植物进行现场鉴定，对于难以鉴定的植物种，采集标本，并参考《河北植物志》和《北京植物志》等工具书进行鉴定；结合自然保护区植物调查历史资料，并排除其中的农作物、栽培植物，进行统计；植物生活型和水分生态类型的统计根据植物生长环境并参考相关工具书描述；植物分布区类型参考吴征镒先生的《中国种子植物属的分布区类型》等相关文献进行统计。

2.1　植物区系组成

河北大海陀自然保护区野生植物资源丰富，具有一定数量的珍贵稀有种类，是我国华北地区植物资源宝库中的重要财富。然而，前人对于这些植物资源的调查还处于比较原始的阶段，研究也相对较少。故此，我们针对河北大海陀自然保护区的植物(蕨类、种子植物)的科、属、种进行了较为全面的调查和统计，分析了其区系组成、区系性质和区系特点及其生态学特征。

2.1.1　植物区系基本组成

根据调查结果，河北大海陀自然保护区共分布有野生维管束植物900种，隶属于109科436属。其中蕨类植物14科19属27种，裸子植物3科4属5种，被子植物92科

413 属 868 种；被子植物中双子叶植物 81 科 332 属 705 种，单子叶植物 11 科 81 属 163 种(表 2-1)。大海陀自然保护区野生维管束植物科、属、种所占全河北省科、属、种的百分比分别为 63.4%、50.7%、33.3%(表 2-2)。此外，自然保护区及周边地区有栽培植物或农作物 93 种，隶属于 29 科 71 属，其中，农作物 8 科 28 属 41 种，栽培植物 21 科 43 属 52 种。

表 2-1 大海陀自然保护区野生维管束植物统计

类别	蕨类植物	种子植物				总计
		裸子植物	被子植物			
			双子叶植物	单子叶植物	小计	
科	14	3	81	11	92	109
属	19	4	332	81	413	436
种	27	5	705	163	868	900

表 2-2 大海陀自然保护区野生维管束植物占全河北省比例

类 别	科数			属数			种数		
	本区	河北省	比例(%)	本区	河北省	比例(%)	本区	河北省	比例(%)
蕨类植物	14	21	66.7	19	37	51.4	27	97	27.8
裸子植物	3	7	42.9	4	14	28.6	5	32	15.6
被子植物	92	144	63.9	413	809	51.1	868	2571	33.8
总计	109	172	63.4	436	860	50.7	900	2700	33.3

2.1.2 植物科的组成

大海陀自然保护区野生维管束植物 20 种以上(含 20 种)的科共有 12 个(表 2-3)，皆为被子植物，共计 232 属 517 种，占总野生维管束植物属的 53.2%，总野生维管束植物种数的 57.4%。

表 2-3 大海陀自然保护区维管束植物大科统计表

序号	科名	属数	种数	序号	科名	属数	种数
1	卷柏科 Selaginellaceae	1	2	15	松科 Pinaceae	2	2
2	木贼科 Equisetaceae	1	3	16	柏科 Cupressaceae	1	1
3	碗蕨科 Dennstaedtiaceae	1	1	17	麻黄科 Ephedraceae	1	2
4	蕨科 Pteridiaceae	1	1	18	金粟兰科 Chloranthaceae	1	1
5	中国蕨科 Sinopteridaceae	1	1	19	杨柳科 Salicaceae	2	11
6	裸子蕨科 Sinopteridaceae	1	1	20	胡桃科 Juglandaceae	1	2
7	蹄盖蕨科 Athyriaceae	3	5	21	桦木科 Betulaceae	4	9
8	金星蕨科 Thelypteridaceae	1	1	22	壳斗科 Fagaceae	1	4
9	铁角蕨科 Aspleniaceae	2	3	23	榆科 Ulmaceae	3	9
10	球子蕨科 Onocleaceae	1	1	24	桑科 Moraceae	3	4
11	岩蕨科 Woodsiaceae	1	3	25	荨麻科 Urticaceae	5	9
12	鳞毛蕨科 Dryopteridaceae	2	2	26	檀香科 Santalaceae	1	2
13	水龙骨科 Polypodiaceae	2	3	27	桑寄生科 Loranthaceae	1	1
14	苹科 Marsileaceae	1	1	28	马兜铃科 Aristolochiaceae	1	1

（续）

序号	科名	属数	种数	序号	科名	属数	种数
29	蓼科 Polygonaceae	4	17	70	伞形科 Umbelliferae	15	23
30	藜科 Chenopodiaceae	4	8	71	山茱萸科 Cornaceae	1	1
31	苋科 Amaranthaceae	1	1	72	鹿蹄草科 Pyrolaceae	2	2
32	马齿苋科 Portulacaceae	1	1	73	杜鹃花科 Ericaceae	1	2
33	石竹科 Caryophyllaceae	9	22	74	报春花科 Primulaceae	4	6
34	毛茛科 Ranunculaceae	13	40	75	蓝雪科 Plumbaginaceae	1	1
35	小檗科 Berberidaceae	2	3	76	木犀科 Oleaceae	2	7
36	防己科 Menispermaceae	1	2	77	龙胆科 Gentianaceae	6	12
37	木兰科 Magnoliaceae	1	1	78	萝藦科 Asclepidaceae	3	10
38	罂粟科 Papaveraceae	4	9	79	旋花科 Convolvulaceae	5	9
39	十字花科 Cruciferae	14	24	80	花荵科 Polemoniaceae.	1	1
40	景天科 Crassulaceae	3	10	81	紫草科 Boraginaceae	9	13
41	虎耳草科 Saxifragaceae	9	14	82	马鞭草科 Verbenaceae	1	2
42	蔷薇科 Rosaceae	17	59	83	唇形科 Labiataceae	19	40
43	豆科 Leguminosae	18	50	84	茄科 Solanaceae	6	7
44	牻牛儿苗科 Geraniaceae	2	6	85	玄参科 Scrophulariaceae	13	20
45	亚麻科 Linaceae	1	1	86	紫葳科 Bignoniaceae	1	1
46	蒺藜科 Zygophyllaceae	1	1	87	列当科 Orobanchaceae	1	2
47	芸香科 Rutaceae	3	3	88	苦苣苔科 Gesneriaceae	1	1
48	苦木科 Simaroubaceae	1	1	89	透骨草科 Phrymaceae	1	1
49	远志科 Polygalaceae	1	4	90	车前科 Plantaginaceae	1	3
50	大戟科 Euphorbiaceae	5	7	91	茜草科 Rubiaceae	2	8
51	漆树科 Anacardiaceae	1	1	92	忍冬科 Caprifoliaceae	5	10
52	卫矛科 Celastraceae	2	3	93	五福花科 Adoxaceae	1	1
53	槭树科 Aceraceae	1	3	94	败酱科 Valerianaceae	2	5
54	无患子科 Sapindaceae	1	1	95	川续断科 Dipsacaceae	2	2
55	凤仙花科 Balsaminaceae	1	1	96	葫芦科 Cucurbilaceae	1	1
56	鼠李科 Rhamnaceae	2	8	97	桔梗科 Campanulaceae	5	14
57	葡萄科 Vitaceae	2	5	98	菊科 Compositae	51	105
58	椴树科 Tiliaceae	2	4	99	香蒲科 Typhaceae	1	1
59	锦葵科 Malvaceae	2	2	100	眼子菜科 Potamogetonaceae	1	3
60	猕猴桃科 Actinidiaceae	1	1	101	禾本科 Gramineae	42	75
61	藤黄科 Guttiferae	1	2	102	莎草科 Cyperaceae	6	27
62	柽柳科 Tamaricaceae	2	2	103	天南星科 Araceae	2	4
63	堇菜科 Violaceae	1	11	104	鸭跖草科 Commelinaceae	2	2
64	秋海棠科 Begoniaceae	1	1	105	灯心草科 Juncaceae	1	3
65	瑞香科 Thymelaeaceae	3	3	106	百合科 Liliaceae	14	33
66	千屈菜科 Lythraceae	1	1	107	薯蓣科 Dioscoreaceae	2	4
67	柳叶菜科 Onagraceae	3	7	108	鸢尾科 Iridaceae	1	3
68	五加科 Araliaceae	1	2	109	兰科 Orchidaceae	10	11
69	小二仙草科 Haloragidaceae	1	1				

被子植物中，本区30种以上(含30种)的大科为菊科 Compositae、禾本科 Poaceae、蔷薇科 Rosaceae、豆科 Leguminosae、唇形科 Labiataceae、毛茛科 Ranunculaceae 和百合科 Liliaceae。这7科内的总种数为401种，占总维管束植物种数的44.6%。这些科均为世界性被子植物大科，其中蔷薇科在北温带分布较多，在本区出现的种类主要为温带属。上述大科为大海陀自然保护区植物区系的主要组成成分，占主导地位，野生维管束植物科内种的组成情况见表2-4。

表2-4 大海陀自然保护区维管束植物科内种的组成

种数	科数	科数所占比例(%)	所含种数	种数所占比例(%)
99以上	1	0.9	105	11.7
30~99	6	5.5	296	32.9
16~29	6	5.5	133	14.8
6~15	24	22.0	226	25.1
2~5	38	34.9	106	11.8
1	34	31.2	34	3.8

2.1.3 植物属的组成

根据调查结果显示，大海陀自然保护区共有野生维管束植物432属，其中蕨类植物19属，种子植物413属。从各属中所含种的情况来看，10种以上的属皆为种子植物，共有7属，102种(表2-5)，占本区种子植物种数的11.3%。野生维管束植物中区域单种属数达到250个，占总属数的57.9%(表2-6)，种数占总维管植物种数的27.8%。

表2-5 大海陀自然保护区维管植物大属统计表

属名	委陵菜属	蒿属	薹草属	蓼属	堇菜属	葱属	野豌豆属
种数	20	19	19	12	11	10	10

表2-6 大海陀自然保护区维管植物属内种的组成

种数	属数	比例(%)
10以上	7	1.6
5~9	29	6.7
2~4	145	33.3
1	255	58.5

2.1.4 植物生活型与水分生态类型

大海陀自然保护区植物生活型组成有乔木、灌木、半灌木、藤本、一二年生草本和多年生草本(表2-7)。其中多年生草本最多，有536种，占保护区野生维管束植物的59.6%；其次是一二年生草本，有183种，占20.3%；灌木91种，占10.1%；乔木有58种，占6.4%；藤本25种，占2.8%；半灌木7种，占0.8%。大海陀自然保护区内常绿植物稀少，仅有侧柏 *Platycladus orientalis*、油松 *Pinus tabulaeformis* 为常绿乔木，虎耳草 *Saxifraga stolonifera* 为多年生常绿草本，照山白 *Rhododendron micranthum* 为半常绿灌木。上述植物生活型和常绿植物缺乏都表明了大海陀自然保护区植物区系的暖温带性质。

表 2-7　大海陀自然保护区维管植物生活型统计表

生活型	种数	比例(%)
乔木	58	6.4
灌木	91	10.1
半灌木	7	0.8
藤本	25	2.8
一二年生草本	183	20.3
多年生草本	536	59.6

大海陀自然保护区植物水分生态类型分为水生、湿生、湿中生、中生、旱中生、旱生(表 2-8)。其中，中生植物最多，有 590 种，占保护区维管束植物的 65.6%；其次是湿中生 142 种，占 15.8%；旱中生有 101 种，占 11.2%；湿生 42 种，占 4.7%；旱生有 17 种，占 1.9%，水生最少，有 8 种，占 0.9%。

表 2-8　大海陀自然保护区维管植物水分生态类型统计

水分生态类型	种数	比例(%)
水生	8	0.9
湿生	42	4.7
湿中生	142	15.8
中生	590	65.6
旱中生	101	11.2
旱生	17	1.9

2.1.5　种子植物属的区系组成及与周边保护区的比较

2.1.5.1　种子植物属的区系划分

根据吴征镒对中国种子植物属的分布区类型的划分方法，大海陀自然保护区种子植物的 413 个属划分为 15 个分布区类型(表 2-9)。

表 2-9　大海陀自然保护区种子植物属的分布区类型

分布区类型	本区属数	全国属数	占全国同类型属数比例(%)	占本区总属比例(%)
1. 世界分布	51	104	—	—
2. 泛热带分布	49	362	13.5	13.4
3. 热带亚洲和热带美洲间断分布	3	62	4.8	0.8
4. 旧世界热带分布	5	177	2.8	1.4
5. 热带亚洲至热带大洋洲分布	3	148	2.0	0.8
6. 热带亚洲至热带非洲分布	7	164	4.3	1.9
7. 热带亚洲分布	4	611	0.7	1.1
8. 北温带分布	152	302	50.3	41.5

（续）

分布区类型	本区属数	全国属数	占全国同类型属数比例(%)	占本区总属比例(%)
9. 东亚和北美洲间断分布	20	124	16.1	5.5
10. 旧世界温带分布	56	164	34.1	15.3
11. 温带亚洲分布	20	55	36.4	5.5
12. 地中海、西亚至中亚分布	4	171	2.3	1.1
13. 中亚分布	7	116	6.0	1.9
14. 东亚分布	29	299	9.7	7.9
15. 中国特有分布	7	257	2.7	1.9
总计	417	3116	—	—

注：世界分布未列入百分比。

(1)世界广布属：大海陀自然保护区维管植物有世界广布属51个。其中种数较多的有薹草属 *Carex*、堇菜属 *Viola*、蓼属 *Polygonum* 等。这一类型中木本属较贫乏，多为传播能力较强的多年生草本植物。

(2)热带、亚热带分布类型(2～7型)：此类型共71属，占总属数的19.4%。其中泛热带分布是最丰富的类型，共49属，占热带和亚热带分布型(2～7型)总和的69.0%。本区常见的泛热带分布草本属有鹅绒藤属 *Cynanchum*、狗尾草属 *Setaria*、菜豆属 *Phaseolus*、大戟属 *Euphorbia*、打碗花属 *Calystegia*、苦荬菜属 *Ixeris*、拂子茅属 *Calamagrostis*、天门冬属 *Asparagus* 等；木本属有朴属 *Celtis*、枣属 *Ziziphus*、卫矛属 *Euonymus* 等。

(3)温带分布类型(8～14型)：该类型共288属，占总属数的78.7%，可见温带性质的属种是构成本区区系的主要组成部分。其中北温带分布型又占首位，共152属，包括了我国多数的北温带属，占全部温带分布属(8～14型)的52.8%，此类型草本属多样，如委陵菜属 *Potentilla*、蒿属 *Artemisia*、葱属 *Allium*、野豌豆属 *Vicia* 等；木本属也较丰富，如李属 *Prunus*、柳属 *Salix*、杨属 *Populus*、桦木属 *Betula* 等。东亚和北美间断分布型有20属，占总属数的5.5%，包含胡枝子属 *Lespedeza* 等。旧世界温带分布型在本区也较普遍，有56属，占总属数的15.3%，该类型木本属贫乏，草本属居多，典型的属有沙参属 *Adenophora*、鹅观草属 *Elsholtzia* 等。温带亚洲分布型有20属，占总属数的5.5%，大多为草本，典型的有锦鸡儿属 *Caragana*、假繁缕属 *Pseudostellaria* 等。东亚分布的属有29个，占总属数的7.9%。地中海、西亚至中亚分布和中亚分布共有4属，占总属数的1.1%。

(4)中国特有分布：大海陀自然保护区有中国特有属7个，分别为虎榛子属 *Ostryopsis*、翼蓼属 *Pteroxygonum*、独根草属 *Oresitrophe*、星毛芥属 *Berteroella*、地构叶属 *Speranskia*、蚂蚱腿子属 *Myripnois* 和知母属 *Anemarrhena*，占总属数的1.9%。

2.1.5.2　与周边保护区植物区系组成比较

为深入分析大海陀自然保护区植物区系的组成特点，将本自然保护区的植物区系分布类型与周边四个自然保护区的植物区系分布类型做了比较(表2-10)，这四个自然保护区分别是北京松山自然保护区、河北小五台山自然保护区、河北雾灵山自然保护区和河北木兰围场自然保护区。其中松山自然保护区与大海陀自然保护区毗邻；雾灵山处燕山山脉，是燕山主峰；小五台山自然保护区地处太行山山脉，为太行山主峰；木兰围场自然保护区位于内蒙古高原与冀北山地的交汇地带。

表 2-10　5 个保护区种子植物属的分布型百分比　　单位:%

分布区类型	大海陀	松山	小五台山	雾灵山	木兰围场
1. 世界分布	—	—	—	—	—
2. 泛热带分布	13.4	10.3	13.9	12.8	9.1
3. 热带亚洲和热带美洲间断分布	0.8	0.6	0.2	0.7	0.3
4. 旧世界热带分布	1.4	1.8	1.2	2.3	1.5
5. 热带亚洲至热带大洋洲分布	0.8	1.2	1.5	0.9	0.6
6. 热带亚洲至热带非洲分布	1.9	2.1	2.7	2.3	1.9
7. 热带亚洲分布	1.1	0.6	1.2	1.2	0.9
8. 北温带分布	41.5	44.9	42.8	40.5	48.3
9. 东亚和北美洲间断分布	5.5	5.8	6.1	7.5	5
10. 旧世界温带分布	15.3	15.5	12.4	13.5	15.9
11. 温带亚洲分布	5.5	5.8	5.1	5.3	5.7
12. 地中海、西亚至中亚分布	1.1	1.2	2	2.3	2.6
13. 中亚分布	1.9	1.5	2.2	1.4	1.9
14. 东亚分布	7.9	7.6	7.8	8	5.7
15. 中国特有分布	1.9	1.5	1	1.4	0.6
总计	100	100	100	100	100

注：世界分布未列入比较。

大海陀自然保护区周边这些自然保护区的植物属分布类型均以北温带成分最高，温带分布型(8～14 型)为主。其中温带分布型占比最多的是木兰围场自然保护区，占 85.1%；大海陀自然保护区占比最少，占 78.7%。北京松山自然保护区相距大海陀自然保护区最近，为 12.2 km，但植物属分布类型比例却有一定的差别，其中热带分布型(2～7 型)大海陀保护区为 19.4%，松山自然保护区为 16.6%；温带分布型(8～14 型)大海陀自然保护区为 78.7%，松山自然保护区为 81.8%。成分比例与大海陀自然保护区最为相近的是小五台山自然保护区和雾灵山自然保护区，它们距大海陀自然保护区距离分别为 92.7 km 和 134.8 km，它们的热带分布型和温带分布型分别为：20.7%、78.4% 和 20.2%、78.5%。

从纬度上看(表 2-11)，大海陀自然保护区、雾灵山自然保护区、小五台山自然保护区基本处于同一纬度带上，相近的纬度代表了相似的温度，这几个自然保护区的植物属分布类型也最为相近。木兰围场自然保护区的纬度在这四个自然保护区中纬度最高，同时地处冀北山地与内蒙古高原交界处，故较其他自然保护区更应具有北温带性质。松山自然保护区与大海陀自然保护区虽然距离相近，但植物属分布类型比例有一定差异，可能由于松山自然保护区处于山脉阳坡，干旱程度增加，表现为温带成分增多，导致热带及泛热带成分比例减少。

表2-11　大海陀自然保护区与其他4个保护区的位置关系

序号	保护区名称	（中心）经度（°）	（中心）纬度（°）	距大海陀保护区的距离（km）	最高海拔（m）	面积（hm^2）
1	大海陀	115.84	40.62	—	2241	12634
2	松山	115.78	40.52	12.2	2198	4671
3	小五台山	115.14	39.98	92.7	2882	21833
4	雾灵山	117.43	40.56	134.8	2118	14247
5	木兰围场	117.60	41.94	207.9	1892	50637

2.2　珍稀、濒危、特有、保护植物

大海陀自然保护区森林植被覆盖率高，植物种类多样，在自然保护区范围内分布有多种国家重点保护、珍稀濒危植物。

2.2.1　《国家重点保护野生植物名录》收录的植物

按照国务院发布的《国家重点保护野生植物名录》（第一批）（1999年）所列植物种类统计，大海陀自然保护区分布有国家Ⅱ级重点保护野生植物3种，分别为紫椴 *Tilia amurensis*、黄檗 *Phellodendron amurense* 和野大豆 *Glycine soja*。

紫椴，别名阿穆尔椴、籽椴、小叶椴、椴树，椴树科椴树属落叶乔木，高可达20～30 m。为中国原产树种。紫椴作为“中国白木”，是国际木材贸易、市场流通所公认的一类商品用材。紫椴在保护区内有较大面积的分布，主要分布于海拔1300 m左右的龙潭沟附近。根据实地调查，自然保护区内紫椴的最大直径为18.7 cm。

黄檗，别名檗木、檗皮、黄菠萝、黄柏，芸香科黄檗属落叶乔木。主要分布区位于寒温带针叶林区和温带针阔叶混交林区。本种为古系第三纪古热带植物区系的孑遗植物，对研究古代植物区系、古地理及第四纪冰期气候有科学价值。本次的实地调查中只在黄土梁沟发现有黄檗分布，约十几株，最大株胸径约20 cm。

野大豆，具有耐盐碱、抗寒、抗病等许多优良性状，又与大豆是近缘种，所以它在育种上有重要的利用价值。该种固氮能力强，对研究生物固氮具有重要意义，同时又是国家重要的种植资源物种。本次调查在龙潭沟发现野大豆分布，数量较少。

2.2.2　《中国植物红皮书》收录的植物

大海陀自然保护区分布有《中国植物红皮书》中收录的植物4种，分别为刺五加 *Acanthopanax senticosus*、黄檗、胡桃楸 *Juglans mandshurica* 和野大豆。

刺五加，别名刺拐棒、五加参、五加皮等。灌木；茎通常被密刺并有少数笔直的分枝，一般在叶柄基部刺较密。小叶5，有时3，纸质，有短柄，上面有毛或无毛，椭圆状倒卵形至矩圆形，长7～13 cm，边缘有锐尖重锯齿；叶柄长3～12 cm，小叶柄长0.5～2 cm。伞形花序单个顶生或2～4个聚生，总花梗长5～7 cm，无毛；花梗长1～2 cm；萼无毛，几无齿至不明显的5齿；花瓣5，卵形；雄蕊5；子房5室，花柱合生成柱状。果几球形至卵形，长约8 mm，有5稜。刺五加为五加科五加属中的一个药用种，原为东北

三省民间草药，现被《中华人民共和国药典》收载。黑龙江、吉林、辽宁三省为主产区，散生或丛生于山地阔叶混交林下及林缘或采伐迹地上，总产量约占全国总量的80%左右。目前由于长期不合理的采收，加上森林环境的破坏，使刺五加现存量日趋减少。大海陀自然保护内分布较为广泛。

胡桃楸，又名核桃楸。材质优良，是中国东北地区珍贵用材树种之一。乔木，高达20 m；枝条扩展，树冠扁圆形；树皮灰色，具浅纵裂；幼枝被有短茸毛。奇数羽状复叶生于萌发条上者长可达80 cm，叶柄长9~14 cm，小叶15~23枚，长6~17 cm，宽2~7 cm；生于孕性枝上者集生于枝端，长达40~50cm，叶柄长5~9 cm，基部膨大，叶柄及叶轴被有短柔毛或星芒状毛；小叶9~17枚，椭圆形至长椭圆形或卵状椭圆形至长椭圆状披针形，边缘具细锯齿，上面初被有稀疏短柔毛，后来除中脉外其余无毛，深绿色，下面色淡，被贴伏的短柔毛及星芒状毛；侧生小叶对生，无柄，先端渐尖，基部歪斜，截形至近于心脏形；顶生小叶基部楔形。果序长约10~15 cm，俯垂，通常具5~7果实，果序轴被短柔毛。果实球状、卵状或椭圆状，顶端尖，密被腺质短柔毛，长3.5~7.5 cm，径3~5 cm；果核长2.5~5 cm，表面具8条纵棱，其中两条较显著，各棱间具不规则皱曲及凹穴，顶端具尖头；内果皮壁内具多数不规则空隙，隔膜内亦具2空隙。花期5月，果期8~9月。

胡桃楸材质好，有光泽，刨面光滑，纹理美观，并具坚韧不裂、耐腐等优点，因此用途广，经济价值高，为军工、建筑、家具、车辆、木模、船舰、运动器械及乐器等用材。可作嫁接核桃的砧木和育种的材料。种仁含油率40%~63%，营养丰富，可榨油；果壳可制活性炭。树皮含单宁，可制栲胶。由于过量砍伐，森林面积急剧缩减，现残存大树已很稀少。大海陀自然保护内分布较为广泛。

2.2.3 《河北省重点保护野生植物名录》收录的植物

2010年8月24日，河北省首次发布野生植物保护名录，根据《中华人民共和国野生植物保护条例》，河北省公布了《河北省重点保护野生植物名录》(第一批)，共计4门70科192种。

据调查统计，大海陀自然保护区内分布了53种河北省重点保护野生植物，除国家重点保护种外，还有野核桃 *Juglans mandshurica*、雾灵柴胡 *Bupleurum sibiricum* var. *jeholense*、中国马先蒿 *Pedicularis resupinata*、卷丹 *Lilium lancifolium*、沼兰 *Malaxis monophyllos*、勘察加鸟巢兰 *Neottia camtschatea* 等。详细植物种见表2-12。

表2-12 大海陀自然保护区内分布的《河北省重点保护野生植物名录》收录的植物

序号	种名	科名	属名
1	蕨 *Pteridium aquilinum* var. *latiusculum*	蕨科	蕨属
2	油松 *Pinus tabulaeformis*	松科	松属
3	草麻黄 *Ephedra sinica*	麻黄科	麻黄属
4	木贼麻黄 *Ephedra equisetina*	麻黄科	麻黄属
5	胡桃楸 *Juglans mandshurica*	胡桃科	胡桃属
6	野核桃* *Juglans cathayensis*	胡桃科	胡桃属
7	虎榛子 *Ostryopsis davidiana*	桦木科	虎榛子属

（续）

序号	种名	科名	属名
8	脱皮榆 *Ulmus lamellosa*	榆科	榆属
9	白头翁 *Pulsatilla chinensis*	毛茛科	白头翁属
10	冀北翠雀花 *Delphinium siwanense*	毛茛科	翠雀属
11	金莲花 *Trollius chinensis*	毛茛科	金莲花属
12	升麻 *Cimicifuga dahurica*	毛茛科	升麻属
13	长毛银莲花 *Anemone narcissiflora* var. *crinita*	毛茛科	银莲花属
14	银莲花 *Anemone cathayensis*	毛茛科	银莲花属
15	野罂粟 *Papaver nudicaule* var. *chinense*	罂粟科	罂粟属
16	小丛红景天 *Rhodiola dumulosa*	景天科	红景天属
17	美蔷薇 *Rosa bella*	蔷薇科	蔷薇属
18	三籽两型豆 *Amphicarpaea trisperma*	豆科	两型豆属
19	远志 *Polygala tenuifolia*	远志科	远志属
20	漆树 *Toxicodendron verniciflum*	漆树科	漆树属
21	蒙椴 *Tilia mongolica*	椴树科	椴树属
22	河北堇菜 *Viola hopeiensis*	堇菜科	堇菜属
23	刺五加 *Acanthopanax senticosus*	五加科	五加属
24	无梗五加 *Acanthopanax sessiliflorus*	五加科	五加属
25	雾灵柴胡 * *Bupleurum sibiricum* var. *jeholense*	伞形科	柴胡属
26	胭脂花 *Primula maximowiczii*	报春花科	报春花属
27	二色补血草 *Limonium bicolor*	蓝雪科	补血草属
28	华北白前 *Cynanchum hancockianum*	萝藦科	鹅绒藤属
29	黄芩 *Scutellaria baicalensis*	唇形科	黄芩属
30	丹参 *Salvia miltiorrhiza*	唇形科	鼠尾草属
31	中国马先蒿 * *Pedicularis resupinata*	玄参科	马先蒿属
32	华北蓝盆花 *Scabiosa tschiliensis*	川续断科	蓝盆花属
33	党参 *Codonopsis pilosula*	桔梗科	党参属
34	羊乳 *Codonopsis lanceolata*	桔梗科	党参属
35	苍术 *Atractylodes lancea*	菊科	苍术属
36	蚂蚱腿子 *Myripnois dioica*	菊科	蚂蚱腿子属
37	半夏 *Pinellia ternata*	天南星科	半夏属
38	卷丹 * *Lilium lancifolium*	百合科	百合属
39	黄精 *Polygonatum sibiricum*	百合科	黄精属
40	知母 *Anemarrhena asphodeloides*	百合科	知母属
41	北重楼 *Paris verticillata*	百合科	重楼属
42	大花杓兰 *Cypripedium macronthum*	兰科	杓兰属
43	凹舌兰 *Coeloglossum viride* var. *bracteatum*	兰科	凹舌兰属
44	角盘兰 *Herminium monorchis*	兰科	角盘兰属
45	小花蜻蜓兰 *Tulotis ussuriensis*	兰科	蜻蜓兰属
46	二叶舌唇兰 *Platanthera chlorantha*	兰科	舌唇兰属
47	手参 *Gymnadenia conopsea*	兰科	手参属
48	绶草 *Spiranthes sinensis*	兰科	绶草属
49	沼兰 * *Malaxis monophyllos*	兰科	沼兰属
50	勘察加鸟巢兰 * *Neottia camtschatea*	兰科	鸟巢兰属

注：标＊为本次调查新记录种。

参考文献

[1]杜连海，王小平，陈峻崎，等．北京松山自然保护区综合科学考察报告[M]．北京：中国林业出版社，2012.

[2]冯天杰，王德艺，李东义，等．雾灵山自然保护区维管植物区系的研究[J]．植物研究，1999，19(03)：259－267.

[3]盖新敏，彭彪．51个地区种子植物区系的模糊聚类分析[J]．安徽农业科学，2008. 36(8)：3047－3049.

[4]河北植物志编辑委员会．河北植物志(1－3卷)[M]．河北：河北科学技术出版社，1986.

[5]贺士元，邢其华，尹祖堂，等．北京植物志(上、下册)[M]．北京：北京出版社，1984.

[6]李惠欣．河北衡水湖自然保护区种子植物区系初步研究[D]．河北：河北师范大学．2007.

[7]李明霞，刘正立，李玮，等．河北驼梁山自然保护区种子植物区系分析[J]．河北林果研究，2012. 27(02)：171－173.

[8]李锡文．中国种子植物区系统计分析[J]．云南植物研究，1996，18(4)：363－384.

[9]刘经伦，李洪潮，朱丽娟，等．植物区系研究进展[J]．云南师范大学学报，2011，31(3)：3－7.

[10]宋朝枢，蒋瑞海．河北大海陀自然保护区科学考察集[M]．北京：中国林业出版社，2002.

[11]吴征镒，王荷生．中国自然地理：植物地理(上册)[M]．北京：北京科学出版社，1983.

[12]吴征镒．中国植被[M]．北京：科学出版社，1980.

[13]吴征镒．中国种子植物属的分布区类型[J]．云南植物研究，1991，(增刊Ⅳ)：1－139.

[14]邢韶华，林大影，袁秀，等．北京山区野生维管束植物区系[J]．生态学杂志，25(6)：671－676

[15]于景金，谷建才，项广瑞，等．河北省木兰围场自然保护区种子植物区系研究[J]．安徽农业科学，2008. 36(07)：2852－2853.

[16]于梦凡，余琦殷，林田苗，等．辽宁青龙河保护区植物区系及其与周边地区的比较[J]．生态学杂志，2013. 32(06)：1458－1464.

[17] 余琦殷，于梦凡，宋超，等. 河北大海陀自然保护区植物区系及其与相邻保护区的关系[J]．西北植物学报，2014，34(6)：1269－1275.

[18]张丽丽．内蒙古自治区乌拉盖湿地自然保护区植物区系分析[D]．内蒙古：内蒙古农业大学，2012.

[19]张书理．内蒙古赛罕乌拉自然保护区植物多样性及其保护研究[D]．北京：北京林业大学，2007.

[20]张晓丽，张秀萍，朱秀敏，等．邢台西部山地种子植物区系地理研究[J]．武汉植物学研究，2007. 25(1)：41－46.

[21]中国科学院植物研究所．中国高等植物图鉴[M]．北京：科学出版社，1983.

[22]中华人民共和国环境保护部．河北大海陀等28处国家级自然保护区的面积和范围[EB/OL]．[2013-07-17] http://www.zhb.gov.cn/gkml/hbb/bh/201307/W020130722509118903322.pdf.

[23]钟理，杨春燕，左相兵，等．中国植物区系研究进展[J]．草业与畜牧，2010，(09)：6－9.

[24]朱立涛，于文光，王善娥，等．辽宁千山植物区系与邻近几个区系的比较研究[J]．热带亚热带植物学报，2007，15 (01)：77－81.

第3章　植被类型特征与分布

河北大海陀自然保护区在植被区划中属于暖温带阔叶落叶林区域。对于群落的分类，采用传统的"群落生态"原则，以群落本身的综合特征作为分类的依据。高级分类单位依据群落外貌进行分类，首先根据群落的外貌特征确定其所属植被型组和植被型，如植被型组有针叶林、阔叶林等，植被型有寒温性针叶林、落叶阔叶林等。对中级群落分类单位的确定采用优势度原则，对调查的所有群落样地分层计算其重要值，用重要值来确定各群落样地内不同层片内不同植物的优势度大小，以确定各层片的优势种植物。

3.1　植被分类概况

按照《中国植被》(1980)的分类系统，将大海陀自然保护区的植物群落划分为4个植被型组，5个植被型，27个群系。针叶林主要有油松林 Form. *Pinus tabulaeformis*、华北落叶松林 Form. *Larix principis-rupprechtii*；阔叶林主要有蒙古栎林 Form. *Quercus mongolica*、山杨林 Form. *Populus davidiana*、白桦林 Form. *Betula platyphylla*、黑桦林 Form. *Betula dahurica*；灌丛主要有三裂绣线菊灌丛 Form. *Spiraea trilobata*、榛灌丛 Form. *Corylus heterophylla Fisch*、山杏灌丛 Form. *Armeniaca sibirica* 和多花胡枝子灌丛 Form. *Lespedeza floribunda*；典型草甸植物群落主要有披针叶薹草群系 Form. *Carex lanceolata*、白莲蒿群系 Form. *Artemisia gmelinii* 等。分类结果见表3-1。

表3-1　大海陀自然保护区植被类型

植被型组	植被型	群系
针叶林	寒温性针叶林	01. 华北落叶松群系 Form. *Larix principis-rupprechil*
	温性针叶林	02. 油松群系 Form. *Pinus tabulaeformis*
阔叶林	落叶阔叶林	03. 胡桃楸群系 Form. *Juglans mandshurica*
		04. 野核桃群系 Form. *Juglans cathayensis*
		05. 蒙古栎群系 Form. *Quercus mongolica*
		06. 五角枫群系 Form. *Acer mono*
		07. 黑桦群系 Form. *Betula dahurica*
		08. 白桦群系 Form. *Betula platyphylla*
		09. 硕桦群系 Form. *Betula costata*
		10. 紫椴群系 Form. *Tilia amurensis*
		11. 山杨群系 Form. *Populus davidiana*
		12. 榆群系 Form. *Ulmus pumila*
		13. 大果榆—胡桃楸群系 Form. *Ulmus macrocarpa*、*Juglans mandshurica*
		14. 黑桦—胡桃楸群系 Form. *Betula dahurica*、*Juglans mandshurica*

（续）

植被型组	植被型	群系
阔叶林	落叶阔叶林	15. 黑桦—白桦群系 Form. *Betula dahurica*、*Betula platyphylla*
		16. 山杨—白桦群系 Form. *Populus davidiana*、*Betula platyphylla*
		17. 山杨—黑桦群系 Form. *Populus davidiana*、*Betula dahurica*
		18. 五角枫—大果榆群系 Form. *Acer mono*、*Ulmus macrocarpa*
灌丛和灌草丛	落叶阔叶灌丛	19. 三裂绣线菊群系 Form. *Spiraea trilobata*
		20. 山杏群系 Form. *Armeniaca sibirica*
		21. 榛群系 Form. *Corylus heterophylla*
		22. 虎榛子群系 Form. *Ostryopsis davidiana*
		23. 暴马丁香群系 Form. *Syringa reiticulata* var. *mandshurica*
		24. 土庄绣线菊群系 Form. *Spiraea pubescens*
草甸	典型草甸	25. 白莲蒿群系 Form. *Artemisia gmelinii*
		26. 披针叶薹草群系 Form. *Carex lanceolata*
		27. 紫苞风毛菊群系 Form. *Saussurea Iodostegia*

3.2 针叶林特征与分布

3.2.1 华北落叶松林 Form. *Larix principis-rupprechtii*

华北落叶松 *Larix principis-rupprechtii* 为松科落叶松属植物，是中国的特有树种。原产华北地区，主要分布在山西、北京、河北、陕西等地海拔 1800 ~ 2800 m 的高山地。喜光性强，性极耐寒。对土壤的适应性强，喜深厚湿润而排水良好的酸性或中性土壤。

大海陀自然保护区的华北落叶松林主要是人工林，在九骨咀、三间房、大西沟、海陀山均有分布，分布海拔在 1200 ~ 1900 m 不等，以海陀山高海拔地区分布面积较大。华北落叶松林相整齐，林分郁闭度在 45% 左右，乔木层的优势物种只有华北落叶松，平均高 11.3 m，平均胸径 14.5 cm，林下主要更新树种为蒙古栎、白桦等。灌木层主要物种有土庄绣线菊、六道木、北京丁香、榛、红丁香等，平均高度 2.3 m，灌木层盖度 70%。草本层物种丰富，共 69 种，盖度也较大，约 50%，主要物种有披针叶薹草、地榆、白莲蒿、草地风毛菊、蛇床、双花黄堇菜、东亚唐松草、蔓假繁缕、金莲花、拳蓼、羊乳、穿山龙等，平均高度 0.9 m。群落主要种数量特征和物种生活型组成见表 3-2。

表 3-2　华北落叶松林群落主要种数量特征

群落层次	种名	频度（%）	密度（株/hm²）	平均胸径（cm）	平均盖度（%）	平均高度（m）
乔木层	华北落叶松	100	1270	14.5		11.3
	硕桦	60	145	9.4		8.2
	白桦	60	90	12.2		10.8
	山杨	20	35	6.6		5.8
	大果榆	20	30	7.4		6.2
	花楸树	20	5	4.5		4.0
灌木层	土庄绣线菊	44	288		0.8	0.6
	六道木	40	16		0.1	0.9
	蒙古栎	24	928		4.9	1.7
	北京丁香	20	64		0.1	1.2
	美蔷薇	16	1056		3.0	0.9
	榛	16	128		0.6	0.5
	大果榆	12	240		0.6	0.7
	红丁香	12	160		2.4	1.2
草本层	披针叶薹草	48	34950		12.1	0.2
	地榆	32	4950		1.5	0.3
	草地风毛菊	20	14950		4.2	0.2
	白莲蒿	20	12700		6.0	0.4
	蛇床	20	8550		2.4	0.2
	双花黄堇菜	20	5800		1.2	0.1
	东亚唐松草	20	1700		0.8	0.3
	蔓假繁缕	18	97000		3.9	0.1
	金莲花	18	5400		1.7	0.3
	拳蓼	18	2750		1.1	0.3
	羊乳	18	1950		0.8	0.3
	穿山龙	18	700		0.4	0.3
	蒙古蒿	16	3200		1.6	0.4
	银背风毛菊	16	2950		0.6	0.2
	玉竹	16	1250		0.3	0.2
	野青茅	14	5300		0.7	0.3
	并头黄芩	14	1700		0.4	0.2
	早开堇菜	14	1600		0.5	0.1
	瓣蕊唐松草	14	1200		0.4	0.2
	歪头菜	14	800		0.3	0.3
	蓬子菜	12	2550		0.6	0.2
	茖葱	12	1450		0.3	0.2
	华北楼斗菜	10	2050		0.9	0.2
	委陵菜	10	1600		0.4	0.3
	北柴胡	10	700		0.2	0.3

3.2.2 油松林 Form. *Pinus tabulaeformis*

油松 *Pinus tabulaeformis* 为松科常绿乔木，原产中国。油松分布广，是中国北方广大地区最主要的造林树种之一。油松适应性强，根系发达，树姿雄伟，枝叶繁茂，有良好的保持水土和美化环境的功能。油松无论是山区或平原到处可见，山区一般生长良好。在山区生长的油松，多在阴坡、半阴坡，土壤湿润和较肥沃的地方。

大海陀自然保护区内油松在二里半保护站、石头堡保护站等地附近的山头分布较多，多为人工林；亦在大西沟、长椿沟有少量分布。林分郁闭度多在 0.4～0.6 之间。乔木层的主要物种为油松，平均高 10.0 m，平均胸径 15.9 cm，林下主要更新树种为蒙古栎、白桦、油松等。灌木层平均盖度为 68%，优势物种有土庄绣线菊、山杏、暴马丁香、榛等，平均高度 0.90 m。草本层物种较多，有 88 种，主要物种有披针叶薹草、野青茅、白莲蒿、穿山龙等，平均高度 0.4 m，盖度约为 70%。群落主要种数量特征和物种生活型组成见表 3-3。

表 3-3　油松林群落主要种数量特征

群落层次	种名	频度(%)	密度(株/hm²)	平均胸径(cm)	平均盖度(%)	平均高度(m)
乔木层	油松	100	825	15.9		10.0
	华北落叶松	20	60	13.5		11.1
	白桦	20	10	33.6		14.4
	紫丁香	20	5	6.7		3.8
	蒙古栎	20	5	5.5		3.7
灌木层	土庄绣线菊	64	2160		7.5	1.0
	山杏	48	1280		9.5	1.3
	木本香薷	32	2608		5.2	0.6
	蒙古栎	32	656		2.8	1.1
	胡枝子	28	992		3.6	0.9
	暴马丁香	28	736		3.0	1.2
	北京丁香	20	784		3.4	0.8
	榛	20	496		1.9	1.4
草本层	披针叶薹草	86	132150		15.9	0.2
	野青茅	52	38550		7.0	0.4
	白莲蒿	50	14200		5.5	0.4
	穿山龙	44	2350		1.4	0.3
	玉竹	40	9350		2.0	0.2
	北柴胡	34	2350		1.0	0.4
	鼠掌老鹳草	32	4400		2.3	0.3
	地榆	32	2000		1.0	0.3
	大丁草	30	2250		1.1	0.2
	茜草	28	2800		1.6	0.4
	小红菊	26	5600		1.6	0.1
	东亚唐松草	26	3750		3.0	0.5

（续）

群落层次	种名	频度（%）	密度（株/hm²）	平均胸径（cm）	平均盖度（%）	平均高度（m）
草本层	三褶脉紫菀	26	3050		0.9	0.5
	龙牙草	24	5000		1.6	0.4
	水杨梅	24	2650		1.2	0.4
	风毛菊	24	2100		1.0	0.2
	瓣蕊唐松草	24	1900		0.9	0.4
	蛇莓	20	44500		6.1	0.1
	蓬子菜	18	2150		0.8	0.4
	龙须菜	18	1200		0.6	0.5
	黑柴胡	14	1650		0.6	0.6
	山野豌豆	14	1050		0.4	0.5
	中华隐子草	12	4600		0.9	0.3
	蒙古蒿	12	2150		0.8	0.7
	短尾铁线莲	12	1000		0.7	0.3
	三叶委陵菜	10	9250		1.2	0.1
	朝天委陵菜	10	3250		1.2	0.6
	大油芒	10	1300		0.5	0.5

3.3　落叶阔叶林特征与分布

3.3.1　胡桃楸林 Form. *Juglans mandshurica*

胡桃楸 *Juglans mandshurica* 为喜光树种，多在山坳、河谷及河岸形成成片的林子。胡桃楸具有深根性，适宜于生长在土层深厚、肥沃、排水良好的山中下腹或河岸腐殖质多的湿润疏松土壤，要求温良湿润的气候条件，较耐寒。被《中国植物红皮书》列为三级保护植物。

大海陀自然保护区内在大庙子村、纪宁堡村等地段分布着一定面积的天然胡桃楸林，海拔范围在 1000 m 左右，分布于小于 30°的山坡下部和山谷谷底，郁闭度 75%，平均树高 8.0 m，平均胸径 8.3 cm。胡桃楸群系乔木层物种主要为胡桃楸，林分简单，林相整齐，林下主要幼树为胡桃楸、蒙椴、紫椴等。灌木层优势物种为土庄绣线菊、小花溲疏、毛丁香等，平均高度 1.0 m，总盖度 65%。草本层优势物种为蓝萼香茶菜、三籽两型豆、大油芒等，平均高度 0.5 m，盖度约 70%。群落主要种数量特征和物种生活型组成见表 3-4。

3.3.2　野核桃林 Form. *Juglans cathayensis*

野核桃 *Juglans cathayensis* 与胡桃楸的主要区别是小叶长成后下面密被短柔毛及星芒状毛；果序长而下垂。在《河北省重点保护野生植物名录》中有收录。

野核桃林主要分布于大海陀自然保护区内的大南沟，面积不大，海拔范围在 1000 m

表 3-4 胡桃楸林群落主要种数量特征

群落层次	种名	频度（%）	密度（株/hm^2）	平均胸径（cm）	平均盖度（%）	平均高度（m）
乔木层	胡桃楸	100	1200	8.3		8.0
	暴马丁香	100	62.5	7.6		5.4
	大果榆	50	25	7.0		5.0
	榆	50	12.5	38.0		15.0
	蒙椴	50	12.5	27.0		10.0
灌木层	土庄绣线菊	60	2920		8.3	0.8
	小花溲疏	50	1360		3.7	0.7
	毛丁香	40	1720		12.0	1.4
	榛	40	720		7.5	1.2
	大果榆	30	360		2.0	1.1
	山葡萄	30	200		0.9	0.7
	太平花	20	600		0.7	0.6
	胡枝子	20	440		2.0	1.0
	圆叶鼠李	20	280		2.7	1.1
	红花锦鸡儿	20	280		0.4	0.6
	雀儿舌头	20	240		0.4	0.4
	胡桃楸	20	200		1.0	1.0
	蒙椴	20	80		0.7	1.3
草本层	蓝萼香茶菜	65	1625		9.2	0.6
	三籽两型豆	60	1500		2.8	0.2
	大油芒	55	1375		18.7	0.6
	野青茅	50	1250		10.3	0.3
	穿山龙	50	1250		1.2	0.3
	龙牙草	45	1125		8.2	0.6
	歧茎蒿	45	1125		2.7	0.6
	华北风毛菊	35	875		4.0	0.5
	披针叶薹草	35	875		2.3	0.2
	短尾铁线莲	35	875		1.1	0.4
	蒙古蒿	30	750		1.7	0.8
	龙须菜	30	750		1.3	0.5
	草乌	25	625		1.3	0.3
	短毛独活	20	500		3.7	1.1
	绢毛匍匐委陵菜	20	500		2.3	0.1

左右，郁闭度75%，平均树高8.3 m，平均胸径10.4 cm，野核桃群系乔木层物种主要为野核桃、裂叶榆、大叶白蜡等，林下主要幼树为五角枫、裂叶榆、大果榆、野核桃等。灌木层优势物种为小花溲疏、五味子、土庄绣线菊等，平均高度0.9 m，总盖度70%，平均盖度4.7%。草本层优势物种为龙须菜、银线草、披针叶薹草、蓝萼香茶菜

等，平均高度 0.3 m，盖度在 30% 左右。群落主要种数量特征和物种生活型组成见表 3-5。

表 3-5　胡桃楸林群落主要种数量特征

群落层次	种名	频度（%）	密度（株/ hm^2）	平均胸径（cm）	平均盖度（%）	平均高度（m）
乔木层	野核桃	100	925	8.8		9.9
	裂叶榆	100	250	8.9		9.8
	大叶白蜡	100	200	10.4		8.3
	五角枫	100	175	9.3		10.7
	黑桦	100	50	6.4		7.0
灌木层	小花溲疏	80	3200		20.0	0.7
	五味子	80	1440		5.2	0.6
	土庄绣线菊	80	720		3.8	0.7
	五角枫	60	1120		6.0	0.6
	裂叶榆	40	720		5.4	0.5
	山楂叶悬钩子	20	1360		5.2	1.0
	卵叶鼠李	20	400		3.0	2.0
	大果榆	20	160		1.0	0.6
	野核桃	20	160		0.6	0.6
	大叶白蜡	20	80		1.0	1.8
	山葡萄	20	80		1.0	0.8
草本层	龙须菜	70	1750		5.3	0.5
	银线草	60	1500		8.7	0.2
	披针叶薹草	40	1000		6.1	0.3
	蓝萼香茶菜	40	1000		1.6	0.2
	宽叶薹草	30	750		3.7	0.2
	短毛独活	30	750		1.4	0.3
	穿山龙	30	750		0.9	0.3
	玉竹	30	750		0.7	0.1
	盘果菊	20	500		1.0	0.4
	歪头菜	20	500		0.9	0.3
	华北风毛菊	20	500		0.5	0.1
	菟丝子	20	500		0.3	0.6

3.3.3　蒙古栎林 Form. *Quercus mongolica*

蒙古栎林是我国栎类中比较耐寒的一种森林群落类型。主要分布于我国的东北、内蒙古东部地区以及华北山地。

蒙古栎林在大海陀自然保护区内分布较少，林下更新情况良好，有较多的蒙古栎幼苗，其他主要更新树种有大果榆、大叶白蜡、五角枫等。分布的海拔范围广，900 ~ 1700 m 均有分布。

蒙古栎林平均郁闭度为 55%，林中乔木层物种很少，只有蒙古栎、大果榆、黑桦、五角枫、紫椴等，其中紫椴是国家Ⅱ级重点保护植物。蒙古栎平均胸径为 11.3 cm，平均高度 6.6 m。灌木层物种丰富，除去乔木层物种的一些更新幼树、幼苗外，主要有土庄绣线菊、小花溲疏、卵叶鼠李等，平均高度 1.3 m，总盖度在 65%~85% 之间。草本层物种也相对丰富，一般在 30 种以上，主要有披针叶薹草、东亚唐松草、玉竹、小红菊、苍术、银背风毛菊等，总盖度 40% 左右，平均高度 0.4 m。

群落主要种数量特征和物种生活型组成见表 3-6。

表 3-6　蒙古栎林群落主要种数量特征

群落层次	种名	频度（%）	密度（株/ hm^2）	平均胸径（cm）	平均盖度（%）	平均高度（m）
乔木层	蒙古栎	100	1200	11.3		6.6
	大果榆	67	333	8.5		6.1
	黑桦	67	58	15.4		10.3
	五角枫	67	50	9.5		7.8
	山荆子	33	25	7.6		3.0
	紫椴	33	25	5.2		3.3
灌木层	蒙古栎	80	1867		8.1	1.4
	土庄绣线菊	53	2453		6.5	1.2
	大果榆	53	1040		3.9	1.3
	大叶白蜡	53	773		3.4	1.2
	小花溲疏	47	2400		7.1	1.2
	榛	40	960		4.0	1.2
	卵叶鼠李	40	480		4.2	1.2
	胡枝子	27	1813		2.7	1.0
	照山白	27	1013		4.1	1.3
	五角枫	27	213		2.0	1.5
	迎红杜鹃	13	1040		3.3	1.8
	三裂绣线菊	13	1013		3.0	1.3
	毛榛	13	560		2.8	1.3
	山荆子	13	107		0.7	1.8
草本层	披针叶薹草	70	1750		7.8	0.2
	东亚唐松草	60	1500		4.0	0.5
	玉竹	60	1500		2.7	0.2
	小红菊	40	1000		2.0	0.1
	苍术	40	1000		1.4	0.3
	银背风毛菊	37	917		6.4	0.2
	展枝沙参	33	833		1.0	0.5
	穿山龙	27	667		1.0	0.3
	地榆	23	583		0.8	0.3
	茜草	23	583		0.6	0.3
	山萝花	20	500		2.6	0.3

（续）

群落层次	种名	频度（%）	密度（株/hm²）	平均胸径（cm）	平均盖度（%）	平均高度（m）
草本层	草乌	20	500		1.0	0.5
	野青茅	17	417		1.1	0.3
	景天三七	17	417		0.9	0.2
	林荫千里光	17	417		0.6	0.2
	叉分蓼	17	417		0.6	0.6
	蓝萼香茶菜	17	417		0.5	0.4
	宽叶薹草	17	417		0.5	0.3
	北柴胡	17	417		0.3	0.4
	涝峪薹草	13	333		6.2	0.3
	白莲蒿	13	333		0.7	0.6
	蓬子菜	13	333		0.4	0.4
	龙须菜	13	333		0.3	0.5
	羊乳	13	333		0.3	0.3

3.3.4 五角枫林 Form. *Acer mono*

五角枫又叫色木槭，是温带树种，弱度喜光，稍耐阴，深根性，喜湿润肥沃土壤，在酸性、中性、石灰岩上均可生长。产东北、华北和长江流域各省份。生于海拔800～1500 m的山坡或山谷疏林中。

五角枫林在大海陀自然保护区分布不多，只在水旱洞附近有少量分布。林分郁闭度在70%左右，林下灌木、草本较丰富。五角枫平均胸径约9.3 cm，树高约9 m。五角枫群系乔木层的其他物种组成包括少量的胡桃楸、紫椴、东陵绣球、蒙椴等，平均高8.7 m，林下灌木层物种组成包括鸡树条荚蒾、毛榛、刺五加、榛、金花忍冬等，有少量五角枫和蒙古栎幼苗。草本层物种较少，盖度在30%左右，主要物种有舞鹤草、鹿药、升麻、白花碎米荠、草乌等，平均高度0.4 m。群落主要种数量特征和物种生活型组成见表3-7。

表3-7 五角枫林群落主要种数量特征

群落层次	种名	频度（%）	密度（株/hm²）	平均胸径（cm）	平均盖度（%）	平均高度（m）
乔木层	五角枫	100	925	9.3		9.0
	胡桃楸	100	75	15.9		11.0
	紫椴	100	75	8.9		8.7
	东陵绣球	100	50	6.4		6.0
	蒙椴	100	25	8.0		9.0
灌木层	鸡树条荚蒾	100	1280		6.4	0.9
	毛榛	60	3760		11.0	2.0
	刺五加	60	1600		5.2	0.8
	榛	40	1920		12.0	1.5

（续）

群落层次	种名	频度（%）	密度（株/hm²）	平均胸径（cm）	平均盖度（%）	平均高度（m）
灌木层	金花忍冬	40	320		1.2	0.6
	小花溲疏	20	1200		2.0	0.8
	卫矛	20	640		1.0	0.3
	五味子	20	640		1.0	0.3
	东陵绣球	20	320		2.0	2.2
	五角枫	20	320		2.0	1.5
	蒙古栎	20	80		0.2	0.1
草本层	舞鹤草	70	19250		5.5	0.1
	鹿药	70	7500		3.5	0.3
	升麻	60	6750		2.5	0.2
	白花碎米荠	40	3000		1.2	0.3
	草乌	40	1500		6.2	0.5
	宽叶薹草	30	3750		1.5	0.2
	糙苏	20	2500		1.5	0.4
	短毛独活	20	2000		4.5	0.9
	盘果菊	20	1750		2.3	0.2
	茖葱	20	750		0.5	0.3

3.3.5 黑桦林 Form. *Betula dahurica*

黑桦林分布于我国东北、内蒙古、河北、山西等地。生于土层较厚的地带。大海陀自然保护区的黑桦林主要分布于平地村、打草沟、大庙子村、纪宁堡村、姜庄子村等地，以平地村为主，是大海陀自然保护区内分布最广的基本林型之一。主要分布的海拔范围在 1000～1300 m 之间。

黑桦林的平均郁闭度为 73%，一般树高约 10 m，平均胸径 10 cm。林中伴生乔木植物以白桦最多，其次有大果榆、山杨、蒙古栎等，还有少量紫椴。林下灌木覆盖度达 50%，主要更新树种为蒙古栎，灌木主要有土庄绣线菊、榛、毛榛、北京丁香、山楂叶悬钩等，平均高度约 0.9 m。草本层以披针叶薹草为主，也有玉竹、穿山龙、东亚唐松草等。群落主要种数量特征和物种生活型组成见表 3-8。

3.3.6 白桦林 Form. *Betula platyphylla*

白桦树干通直、树形美观，是喜光的植物，在森林区常作为先锋植物侵入迹地。白桦林主要分布于我国东北、华北和西南山区。

白桦林在大海陀自然保护区内分布于二里半保护站、海陀山等地，均为天然次生林，主要分布于海陀山海拔 1700～1900 m 处，坡度 25°左右的阴坡。

白桦林林相整齐，郁闭度在 60% 左右，白桦平均树高 9.9 m，平均胸径 14.7 cm。白桦林中伴生的乔木植物较少，主要为小乔木，有毛榛、黄华柳、中国黄花柳等。林下灌木种类丰富，平均盖度 85%，主要优势种有毛榛、红丁香、六道木、金花忍冬等，此

表 3-8　黑桦林群落主要种数量特征

群落层次	种名	频度（%）	密度（株/ hm^2）	平均胸径（cm）	平均盖度（%）	平均高度（m）
乔木层	黑桦	100	947	11.3		10.0
	白桦	50	244	12.6		10.1
	大果榆	50	81	9.7		8.0
	山杨	50	78	14.0		12.1
	蒙古栎	50	56	12.8		8.5
灌木层	土庄绣线菊	58	5180		12.4	1.4
	榛	35	1140		5.0	1.0
	蒙古栎	35	480		1.8	0.4
	毛榛	33	1680		9.6	1.6
	北京丁香	33	700		3.6	1.4
	山楂叶悬钩子	33	420		1.7	0.3
	五角枫	28	260		1.4	1.0
	胡枝子	25	890		4.3	0.9
	金花忍冬	25	550		1.7	1.2
	长瓣铁线莲	23	870		0.6	0.4
	六道木	20	880		2.5	1.0
草本层	披针叶薹草	70	65031		10.1	0.2
	玉竹	56	11938		2.5	0.2
	穿山龙	48	2656		2.2	0.3
	东亚唐松草	45	6750		4.6	0.4
	草乌	29	2531		2.7	0.4
	绢毛匍匐委陵菜	28	33375		3.3	0.1
	歪头菜	26	2969		0.8	0.3
	展枝沙参	26	2688		1.2	0.4
	三褶脉紫菀	24	2063		0.9	0.4
	小红菊	21	8375		1.2	0.2
	宽叶薹草	19	14188		1.1	0.2
	龙须菜	18	1375		0.9	0.5
	深山堇菜	16	1750		0.7	0.1
	拳蓼	15	2219		0.4	0.4
	茜草	15	625		0.3	0.3

外还有蒙古栎等乔木的幼苗，但较少。草本层物种共63种，主要有披针叶薹草、柳兰、类叶升麻等，盖度较大。群落主要种数量特征和物种生活型组成见表3-9。

表 3-9 白桦林群落主要种数量特征

群落层次	种名	频度（%）	密度（株/ hm²）	平均胸径（cm）	平均盖度（%）	平均高度（m）
乔木层	白桦	100	1125	14.7		9.9
	中国黄花柳	33	125	9.8		7.0
	黄花柳	33	50	6.4		3.2
	毛榛	33	25	9.0		3.9
灌木层	毛榛	53	1973		8.5	1.0
	红丁香	53	1867		4.5	0.8
	六道木	33	3173		9.1	2.3
	金花忍冬	27	267		1.1	0.5
	榛	20	2160		9.3	1.2
	美蔷薇	20	800		1.7	0.7
	土庄绣线菊	20	373		1.4	0.7
	东北茶藨子	13	640		1.1	1.1
	长瓣铁线莲	13	560		0.2	0.4
	北京丁香	13	107		0.5	0.6
	蒙古栎	13	107		0.5	0.7
	暴马丁香	13	53		0.7	1.3
	照山白	13	53		0.2	0.5
草本层	披针叶薹草	67	97917		5.1	0.2
	柳兰	30	7500		1.8	0.5
	类叶升麻	30	2083		0.9	0.3
	绢毛匍匐委陵菜	27	9500		2.2	0.2
	歪头菜	27	4417		0.6	0.2
	玉竹	27	4333		1.1	0.1
	华北风毛菊	27	3750		0.9	0.2
	三褶脉紫菀	27	2500		0.6	0.3
	球果堇菜	23	11917		1.3	0.1
	蔓假繁缕	23	9583		0.9	0.1
	小红菊	23	7750		0.7	0.1
	鼠掌老鹳草	20	2333		0.7	0.3
	糙苏	20	1833		0.9	0.5
	宽叶薹草	17	55583		1.8	0.2
	金莲花	17	2750		1.1	0.5
	展枝沙参	17	1750		0.6	0.3
	风毛菊	17	1667		0.3	0.2
	早开堇菜	13	3417		0.5	0.1
	华北覆盆子	13	1917		0.9	0.6
	牛扁	13	1667		0.5	0.3
	东亚唐松草	13	1167		0.6	0.4
	白芷	13	833		0.4	0.5

3.3.7　硕桦林 Form. *Betula platyphylla*

硕桦的树皮黄褐色或暗褐色，主要产于东北、内蒙古，河北、北京等地。在大海陀自然保护区内分布于九骨咀、海陀山等地海拔 2000 m 左右的山地。

硕桦林林相整齐，郁闭度在 75% 左右，硕桦平均树高 8.3 m，平均胸径 9.0 cm。硕桦林中伴生的乔木植物较少，主要有华北落叶松、白桦等。林下灌木种类丰富，平均盖度 75%，主要优势种有六道木、长瓣铁线莲、红丁香、半钟铁线莲、迎红杜鹃等，此外还有华北落叶松、硕桦、黑桦的幼苗，但较少。草本层物种共 43 种，主要有披针叶薹草、金莲花、草地风毛菊、双花黄堇菜、蛇床等。群落主要种数量特征和物种生活型组成见表 3-10。

表 3-10　白桦林群落主要种数量特征

群落层次	种名	频度（%）	密度（株/ hm^2）	平均胸径（cm）	平均盖度（%）	平均高度（m）
乔木层	硕桦	100	1313	9.0		8.3
	华北落叶松	100	263	18.6		10.8
	白桦	100	250	12.8		9.9
	中国黄花柳	50	100	7.1		4.1
	黑桦	50	13	11.0		9.0
灌木层	六道木	60	5240		15.5	1.5
	长瓣铁线莲	40	2760		2.8	0.2
	红丁香	40	560		2.4	0.7
	半钟铁线莲	30	1560		0.8	0.2
	迎红杜鹃	30	1160		4.0	1.6
	东北茶藨子	10	240		0.6	1.1
	毛榛	10	80		0.5	0.4
	华北落叶松	10	40		0.5	3.2
	硕桦	10	40		0.3	2.2
	黑桦	10	40		0.2	0.8
草本层	披针叶薹草	90	155500		9.7	0.5
	金莲花	75	13500		5.2	0.4
	草地风毛菊	45	51000		13.8	0.3
	双花黄堇菜	45	21500		3.5	0.2
	蛇床	45	19500		5.4	0.3
	早熟禾	35	16750		1.6	0.4
	矮紫苞鸢尾	35	13625		1.5	0.3
	拳蓼	35	3875		1.2	0.4
	绢毛匍匐委陵菜	30	1875		1.0	0.2
	华北鳞毛蕨	25	16500		5.3	0.3
	球果堇菜	25	9500		0.7	0.1
	华北风毛菊	25	5750		1.3	0.2
	三褶脉紫菀	25	2750		0.6	0.3
	白芷	25	1125		0.5	0.3

3.3.8 紫椴林 Form. *Tilia amurensis*

紫椴为中国原产植物，东北地区的长白山、小兴安岭等地的垂直分布可达海拔1100 m以上。

大海陀自然保护区的紫椴林主要分布于龙潭沟附近，紫椴平均胸径11.3 cm，平均高度8.3 m，成片状分布。乔木层物种组成还包括五角枫、蒙古栎、胡桃楸、山杨等，其中蒙古栎个体数量虽少，但长势很好，平均胸径13.4 cm，平均高度8.1 m。林下主要幼苗、幼树有紫椴、五角枫等，其中紫椴幼苗分布较广。灌木层主要优势物种有小花溲疏、土庄绣线菊、毛丁香、毛榛、卵叶鼠李等，平均高度1.3 m，灌木层盖度57%。草本层物种较少，只有十几种且数量较少，几种常见的草本物种有披针叶薹草、东亚唐松草、茜草、银背风毛菊等，平均高度0.4 m，平均盖度1.2%。群落主要种数量特征和物种生活型组成见表3-11。

表3-11 紫椴林群落主要种数量特征

群落层次	种名	频度（%）	密度（株/hm^2）	平均胸径（cm）	平均盖度（%）	平均高度（m）
乔木层	紫椴	100	538	11.3		8.3
	五角枫	100	425	7.6		7.0
	蒙古栎	100	225	13.4		8.1
	大果榆	100	213	9.5		7.9
	暴马丁香	100	163	9.7		5.1
	山杨	50	63	9.3		10.4
	胡桃楸	50	50	11.2		10.5
灌木层	小花溲疏	100	4000		17.0	1.2
	土庄绣线菊	90	2760		9.4	0.9
	五角枫	80	1240		10.1	1.6
	紫椴	70	520		2.8	0.9
	毛丁香	60	1680		9.2	1.5
	毛榛	50	2840		15.5	1.5
	卵叶鼠李	50	840		4.5	1.4
	大果榆	50	440		2.8	1.1
	卫矛	40	1840		5.5	0.7
	六道木	40	1640		8.8	1.8
	胡枝子	30	520		1.7	0.8
	榆叶梅	30	280		1.2	1.4
	山葡萄	20	280		1.5	2.6
	刺五加	20	200		1.0	0.8
	沙棘	20	160		1.2	1.9

（续）

群落层次	种名	频度（%）	密度（株/hm^2）	平均胸径（cm）	平均盖度（%）	平均高度（m）
草本层	披针叶薹草	65	18125		9.7	0.2
	东亚唐松草	50	5500		5.4	0.6
	茜草	25	1125		0.8	0.2
	银背风毛菊	20	3750		1.4	0.4
	三褶脉紫菀	15	500		0.5	0.4
	野青茅	10	1625		0.3	0.4
	黄芩	10	875		0.6	0.2
	蓝萼香茶菜	10	625		0.9	0.6
	宽叶薹草	10	625		0.1	0.2
	穿山龙	10	375		0.2	0.6

3.3.9　山杨林 Form. *Populus davidiana*

山杨林分布很广，在我国东北、华北、西北、华中地区都有分布。山杨林多为采伐迹地或火烧迹地上的次生类型。

大海陀自然保护区的山杨林主要分布于三间房、狮子坑等地，在海拔 1000 m 左右的阴坡、半阴坡中下部居多，在海陀山海拔较高的地区亦有分布。

山杨林郁闭度在70%左右，平均高度 10.4 m，平均胸径 12 cm。林中伴生乔木植物有白桦、黑桦、蒙古栎、大果榆、暴马丁香、胡桃楸、五角枫等，这些物种一般高度不超过9 m，处于山杨林的亚优势层；林下主要更新树种主要有华北五角枫、大叶白蜡、榆叶梅、蒙古栎等。灌木层物种种类较多，有 30 种，盖度在65%左右，主要优势种是土庄绣线菊，也有胡枝子、榛、毛榛、金花忍冬等。草本层的主要物种有披针叶薹草、东亚唐松草、玉竹、穿山龙、龙牙草、野青茅、银背风毛菊等。山杨林中枯立的山杨树较多，根据演替规律，山杨林最终会被林下更新物种所取代。群落主要种数量特征和物种生活型组成见表 3-12。

表 3-12　山杨林群落主要种数量特征

群落层次	种名	频度（%）	密度（株/ hm^2）	平均胸径（cm）	平均盖度（%）	平均高度（m）
乔木层	山杨	100	881	12.0		10.4
	白桦	50	125	15.0		12.3
	黑桦	50	106	9.6		8.9
	蒙古栎	50	106	9.2		7.6
	大果榆	50	31	10.2		6.8
灌木层	土庄绣线菊	85	3000		8.9	0.9
	蒙古栎	55	540		2.1	0.5
	胡枝子	40	1600		6.2	0.5
	榛	35	3520		17.0	1.1
	毛榛	35	900		4.2	1.6

（续）

群落层次	种名	频度（%）	密度（株/hm²）	平均胸径（cm）	平均盖度（%）	平均高度（m）
灌木层	金花忍冬	35	480		1.2	0.6
	山杨	35	220		1.8	1.0
	山楂叶悬钩子	25	340		1.1	0.3
	大果榆	20	540		3.0	1.0
	北京丁香	20	400		2.4	1.9
	红丁香	20	340		1.1	1.2
	大叶白蜡	20	260		1.4	1.5
	太平花	15	240		0.8	1.6
	五角枫	15	120		0.8	1.5
草本层	披针叶薹草	78	67125		20.2	0.2
	东亚唐松草	45	5500		2.1	0.4
	玉竹	40	4375		1.4	0.2
	穿山龙	38	2500		1.6	0.4
	龙牙草	30	2875		1.5	0.3
	野青茅	25	14438		1.0	0.4
	银背风毛菊	25	11438		2.6	0.3
	小红菊	23	6375		2.0	0.1
	三褶脉紫菀	23	1063		0.5	0.3
	展枝沙参	20	1000		0.7	0.4
	蓝萼香茶菜	18	1625		0.9	0.5
	短尾铁线莲	18	750		0.5	0.2
	绢毛匍匐委陵菜	15	11375		1.2	0.1
	地榆	15	2188		0.8	0.2
	白芷	15	1000		1.7	0.3
	三籽两型豆	13	1938		0.7	0.3
	深山堇菜	13	1063		0.2	0.1
	鼠掌老鹳草	13	750		0.3	0.2
	多歧沙参	13	500		0.5	0.6

3.3.10 榆 林 Form. *Ulmus pumila*

榆为落叶乔木，阳性树，生长快，根系发达，适应性强，能耐干冷气候及中度盐碱。分布于东北、华北、西北及西南各省份。生于山坡、山谷、川地、丘陵及沙岗等处。为华北及淮北平原农村的常见栽培树木。朝鲜、俄罗斯、蒙古也有分布。

榆树林在大海陀自然保护区内娘娘泉、二里半保护站附近有大面积分布，以栽培为主，长势良好，林相整齐。林分郁闭度较低，在35%~40%之间。乔木层物种只有榆，平均胸径22.8 cm，平均树高9.7 m。灌木层盖度平均75%，主要优势种有木本香薷、北京丁香、红花锦鸡儿、土庄绣线菊等，林下主要更新树种仅有少量榆。草本层盖度约为70%，主要物种为野青茅、瓣蕊唐松草、蓬子菜、附地菜、白莲蒿、蒙古蒿、绢毛匍匐委陵菜、委陵菜、穿山龙等。群落主要种数量特征和物种生活型组成见表3-13。

表3-13　榆林群落主要种数量特征

群落层次	种名	频度（%）	密度（株/hm²）	平均胸径（cm）	平均盖度（%）	平均高度（m）
乔木层	榆	100	463	22.8		9.7
灌木层	木本香薷	40	3560		3.5	0.6
	北京丁香	40	1360		11.5	0.7
	红花锦鸡儿	40	1280		1.1	0.7
	土庄绣线菊	30	640		0.5	7.0
	胡枝子	20	500		0.2	0.3
	照山白	10	200		0.5	1.1
	刺梨	10	80		0.5	0.5
	暴马丁香	10	80		0.2	0.8
	榆	10	80		0.1	0.2
	沙棘	10	40		0.1	0.0
草本层	野青茅	100	271250		31.9	0.4
	瓣蕊唐松草	70	8750		1.9	0.3
	蓬子菜	65	7625		1.7	0.3
	附地菜	60	13125		1.8	0.2
	白莲蒿	55	13875		2.7	0.4
	蒙古蒿	45	5875		1.3	0.4
	绢毛匍匐委陵菜	40	27500		1.6	0.1
	委陵菜	40	15625		4.1	0.1
	穿山龙	40	2125		0.8	0.2
	薄荷	30	11250		0.9	0.2
	多茎委陵菜	30	4375		0.8	0.3
	深山堇菜	25	4625		0.6	0.0
	田葛缕子	25	3875		0.7	0.2
	鼠掌老鹳草	25	1625		0.4	0.1
	东亚唐松草	25	1125		0.5	0.2
	披针叶薹草	20	61250		3.0	0.2
	猪毛蒿	20	2000		0.4	0.2
	北柴胡	20	1750		0.5	0.3
	蒲公英	20	1250		0.3	0.1
	车前	20	1000		0.3	0.1

3.3.11　大果榆—胡桃楸混交林 Form. *Ulmus macrocarpa*、*Juglans mandshurica*

大果榆—胡桃楸混交林在大海陀自然保护区大南沟有分布。

乔木层优势种为大果榆和胡桃楸，并伴生有一定数量的五角枫。平均高度4.7 m，郁闭度70%。灌木层盖度80%，平均高度1.1 m，主要物种有五味子、小花溲疏、山楂叶悬钩子、圆叶鼠李、刺五加等，乔木幼树、幼苗主要为五角枫，亦有大果榆、胡桃楸等。草本层盖度相对较小，约为25%，平均高度0.3 m，主要物种有龙须菜、披针叶薹草、穿山龙、盘果菊、蓝萼香茶菜、玉竹、蝙蝠葛、中华隐子草、龙牙草等。群落主要种数量特征和物种生活型组成见表3-14。

表3-14 大果榆—胡桃楸群落主要种数量特征

群落层次	种名	频度（%）	密度（株/hm²）	平均胸径（cm）	平均盖度（%）	平均高度（m）
乔木层	大果榆	100	675	22.7		4.2
	胡桃楸	100	550	24.3		5.1
	五角枫	100	325	16.7		3.0
	山荆子	100	50	8.3		2.0
	黑桦	100	25	51.0		8.0
灌木层	五味子	100	3920		12.4	0.5
	小花溲疏	100	3920		9.4	0.9
	五角枫	80	2720		15.0	2.1
	山楂叶悬钩子	80	1120		2.4	0.3
	圆叶鼠李	80	1040		4.0	1.0
	毛丁香	60	1280		6.0	1.6
	土庄绣线菊	40	2080		4.0	1.1
	刺五加	40	1760		12.0	1.4
	卫矛	40	1600		0.8	0.2
	毛榛	40	1120		4.6	1.8
	大果榆	40	1040		5.6	1.7
	山葡萄	40	160		0.8	0.6
草本层	龙须菜	80	3000		1.8	0.3
	披针叶薹草	70	11250		3.4	0.2
	穿山龙	60	3000		2.5	0.3
	盘果菊	50	13500		8.2	0.4
	蓝萼香茶菜	40	5500		3.0	0.5
	玉竹	40	2750		1.0	0.2
	蝙蝠葛	40	1000		0.5	0.2
	中华隐子草	30	6000		0.6	0.4
	龙牙草	30	1000		0.6	0.3

3.3.12 黑桦—胡桃楸混交林 Form. *Betula dahurica*、*Juglans mandshurica*

黑桦—胡桃楸混交林分布在大海陀自然保护区内平地村附近。

树种组成有黑桦、胡桃楸、大果榆。平均树高11.5 m，郁闭度95%。灌木层平均高度0.8 m，总盖度70%，有大果榆、胡桃楸、蒙古栎的更新树种幼苗，优势种主要有小花溲疏、山楂叶悬钩子、土庄绣线菊等。草本层平均高度0.4 m，总盖度在30%左右，优势种为莓叶委陵菜、盘果菊、三籽两型豆、三褶脉紫菀、宽叶薹草、蓝萼香茶菜等。群落主要种数量特征和物种生活型组成见表3-15。

表 3-15　黑桦—胡桃楸群落主要种数量特征

群落层次	种名	频度（%）	密度（株/ hm²）	平均胸径（cm）	平均盖度（%）	平均高度（m）
乔木层	黑桦	100	350	14.3		14.0
	胡桃楸	100	325	7.0		9.8
	大果榆	100	175	10.7		10.7
灌木层	小花溲疏	100	4240		15.0	1.1
	山楂叶悬钩子	60	1120		6.0	0.7
	土庄绣线菊	40	320		2.0	1.1
	大果榆	40	160		1.2	0.4
	五味子	20	960		2.4	0.4
	大花溲疏	20	560		4.0	1.2
	半钟铁线莲	20	480		0.2	0.2
	东陵绣球	20	320		7.0	2.3
	毛丁香	20	320		6.0	1.5
	刺五加	20	160		2.0	0.5
	胡桃楸	20	160		0.2	0.5
	蒙古栎	20	80		0.4	0.2
	榛	20	80		0.2	0.2
草本层	莓叶委陵菜	40	6000		0.9	0.1
	盘果菊	40	5750		3.5	0.5
	三籽两型豆	40	4500		1.6	0.1
	三褶脉紫菀	40	1000		0.9	0.5
	宽叶薹草	30	7250		2.5	0.2
	蓝萼香茶菜	30	1000		1.4	0.5
	茜草	20	3000		1.5	0.3
	鹅观草	20	2500		0.8	0.4
	披针叶薹草	20	1500		1.0	0.2
	龙牙草	20	1500		0.8	0.3
	蒲公英	20	1500		0.6	0.1
	深山堇菜	20	1500		0.2	0.1

3.3.13　黑桦—白桦混交林 Form. *Betula dahurica*、*Betula platyphylla*

黑桦—白桦混交林分布在大海陀自然保护区内三间房处海拔 1000 m 左右缓坡处。

乔木层树种组成有黑桦、白桦、蒙古栎。平均树高 8.5 m，郁闭度 90%。灌木层平均高度 0.8 m，总盖度 70%，蒙古栎的更新树种幼苗较多，也有少量大果榆、五角枫幼苗，伴生有土庄绣线菊、毛丁香、胡枝子、榛、山杏、卵叶鼠李等。草本层平均高度 0.2 cm，总盖度在 30% 左右，优势种为披针叶薹草，其次有龙须菜、歪头菜、龙牙草、穿山龙、展枝沙参、绢毛匍匐委陵菜、多歧沙参、东亚唐松草等。群落主要种数量特征和物种生活型组成见表 3-16。

表 3-16　黑桦—白桦群落主要种数量特征

群落层次	种名	频度（%）	密度（株/ hm^2）	平均胸径（cm）	平均盖度（%）	平均高度（m）
乔木层	黑桦	100	1050	10.9		9.0
	白桦	100	750	11.9		9.5
	蒙古栎	100	50	6.8		7.0
灌木层	土庄绣线菊	100	2800		8.8	1.2
	蒙古栎	80	1600		6.4	0.5
	毛丁香	80	720		2.6	0.6
	胡枝子	60	1360		4.2	0.7
	榛	40	400		2.2	0.8
	山杏	40	240		2.0	1.8
	大果榆	40	240		1.2	0.5
	卵叶鼠李	40	240		0.8	0.4
	山楂叶悬钩子	20	640		1.0	0.3
	毛榛	20	320		1.0	1.0
	金花忍冬	20	160		1.0	0.6
	五角枫	20	80		1.0	1.7
草本层	披针叶薹草	100	35750		8.5	0.2
	龙须菜	80	2750		1.2	0.2
	歪头菜	70	10250		5.2	0.3
	龙牙草	70	6000		2.7	0.3
	穿山龙	70	2750		1.3	0.2
	展枝沙参	60	3750		2.4	0.3
	绢毛匍匐委陵菜	40	9750		1.9	0.1
	多歧沙参	40	5250		1.4	0.3
	东亚唐松草	40	1750		1.4	0.3
	小玉竹	30	2500		1.3	0.2
	玉竹	30	2250		0.5	0.2
	三褶脉紫菀	30	1000		0.5	0.2
	小红菊	20	2750		0.6	0.1
	石防风	20	500		0.4	0.3

3.3.14　山杨—白桦混交林 Form. *Populus davidiana*、*Betula platyphylla*

大海陀自然保护区内的山杨—白桦混交林分布于三间房、长椿沟等地，海拔范围在1400～1500 m 左右，位于阴坡或半阴坡。

乔木层树种主要有山杨、白桦、黑桦等，平均胸径为8.9 cm，平均高度为 9.4 m。灌木层优势种为毛榛，主要物种有六道木、沙棶、小叶锦鸡儿、土庄绣线菊、金花忍冬等，盖度 75%，平均高度 1.3 m。草本层主要物种有披针叶薹草、舞鹤草、三褶脉紫菀、草乌、东亚唐松草、茜草、白花碎米荠、糙苏等，盖度在 10% 左右，平均高度 0.2 m。群落主要种数量特征和物种生活型组成见表 3-17。

表 3-17　山杨—白桦群落主要种数量特征

群落层次	种名	频度(%)	密度(株/ hm^2)	平均胸径(cm)	平均盖度(%)	平均高度(m)
乔木层	山杨	100	950	9.5		9.8
	白桦	100	750	9.4		9.4
	黑桦	100	325	7.7		9.1
	五角枫	50	75	5.4		5.8
	暴马丁香	50	63	4.9		5.0
灌木层	毛榛	100	9920		49.0	1.9
	六道木	60	3880		12.5	1.4
	沙棘	60	2080		7.5	1.6
	小叶锦鸡儿	40	1480		4.0	1.7
	土庄绣线菊	40	1320		2.5	0.9
	金花忍冬	40	960		4.3	1.4
	北京丁香	30	560		3.0	1.2
	蒙古荚蒾	30	560		1.3	0.9
	红丁香	30	400		1.2	1.8
	五角枫	30	400		0.7	0.9
	鸡树条荚蒾	30	320		1.4	1.1
草本层	披针叶薹草	65	26375		4.6	0.2
	舞鹤草	25	8000		0.6	0.1
	三褶脉紫菀	20	2125		0.5	0.2
	草乌	20	1375		1.1	0.3
	东亚唐松草	20	1125		0.8	0.3
	茜草	15	1875		0.2	0.1
	白花碎米荠	15	1250		0.5	0.2
	糙苏	15	750		0.6	0.2
	绢毛匍匐委陵菜	10	1625		0.6	0.1
	宽叶薹草	10	375		0.1	0.2
	穿山龙	10	250		0.2	0.2

3.3.15　山杨—黑桦混交林 Form. *Populus davidiana*、*Betula dahurica*

大海陀自然保护区内的山杨—黑桦混交林分布于平地村附近，海拔 1000 m 左右，位于阴坡地形平缓处。

乔木层树种较多，有 13 种，主要有山杨、黑桦、大叶白蜡、胡桃楸、蒙古栎等，平均胸径为 9.4 cm，平均高度为 7.8 m。灌木层主要物种有北京丁香、土庄绣线菊、鼠李、小花溲疏、东北鼠李、山葡萄、山楂叶悬钩子、鸡树条荚蒾等。乔木幼树幼苗较多，有大叶白蜡、大果榆、蒙古栎、五角枫、胡桃楸、紫椴、山杨等。灌木层盖度 60%，平均高度 0.9 m。草本层主要物种有玉竹、龙须菜、绢毛匍匐委陵菜、鸡腿堇菜、糙苏、穿山龙、涝峪薹草、东亚唐松草等，盖度在 40% 左右，平均高度 0.3 m。群落主要种数量特征和物种生活型组成见表 3-18。

表 3-18　山杨—黑桦群落主要种数量特征

群落层次	种名	频度（%）	密度（株/ hm^2）	平均胸径（cm）	平均盖度（%）	平均高度（m）
乔木层	山杨	100	425	13.7		9.4
	黑桦	100	400	13.1		10.7
	大叶白蜡	100	275	8.3		7.7
	胡桃楸	100	175	10.7		8.7
	蒙古栎	100	125	11.1		8.0
	杜梨	100	75	13.8		8.7
	大果榆	100	50	15.0		10.3
	紫椴	100	50	7.2		8.8
	中国黄花柳	100	50	5.9		6.0
	五角枫	100	25	7.9		10.0
	暴马丁香	100	25	6.7		5.0
	蒙椴	100	25	4.8		4.5
	五角枫	100	25	4.5		4.0
灌木层	大叶白蜡	80	1200		4.0	0.6
	北京丁香	60	1280		3.6	1.0
	大果榆	60	1120		3.4	0.9
	土庄绣线菊	40	720		4.4	0.9
	蒙古栎	20	1200		2.0	0.5
	鼠李	20	480		2.4	1.2
	五角枫	20	320		0.8	0.6
	小花溲疏	20	320		0.8	0.6
	东北鼠李	20	240		0.4	0.6
	山葡萄	20	160		0.2	1.8
	山楂叶悬钩子	20	160		0.2	0.9
	胡桃楸	20	80		0.6	1.7
	鸡树条荚蒾	20	80		0.6	1.6
	山杨	20	80		0.2	1.0
	紫椴	20	80		0.2	0.3
草本层	玉竹	70	10500		2.7	0.2
	龙须菜	70	3750		1.8	0.4
	绢毛匍匐委陵菜	60	53250		6.5	0.1
	鸡腿堇菜	60	3500		1.2	0.2
	糙苏	60	2750		1.9	0.4
	穿山龙	60	2500		1.2	0.2
	涝峪薹草	50	23750		1.7	0.2
	东亚唐松草	50	3000		1.9	0.4
	华北风毛菊	40	4000		3.3	0.3
	草乌	40	3000		1.7	0.5
	蓝萼香茶菜	40	2750		1.8	0.5
	蝙蝠葛	40	2750		1.5	0.3
	三籽两型豆	40	2250		0.8	0.2

3.3.16 五角枫—大果榆混交林 Form. *Acer mono*、*Ulmus macrocarpa*

五角枫—大果榆混交林在大海陀自然保护区内分布于水旱洞附近，海拔 1200 m 左右。

该群落乔木层主要优势种为五角枫和大果榆，平均胸径 9.5 cm，平均树高 8.5 m，郁闭度 95%，伴生树种有黑桦、蒙古栎、山杨等。灌木层的乔木幼树、幼苗有五角枫、蒙古栎、大果榆、山杨等，灌木主要种为小花溲疏，主要伴生种有土庄绣线菊、榛、东陵绣球、三裂绣线菊等，盖度 40%，平均高度 1.0 m。草本层物种较少，主要种为披针叶薹草、东亚唐松草、玉竹，并伴生有穿山龙、藜芦、三褶脉紫菀、白芷、茜草等，盖度不足 10%，平均高度 0.3 m。群落优势种数量特征和物种生活型组成见表 3-19。

表 3-19 五角枫—大果榆群落主要种数量特征

群落层次	种名	频度（%）	密度（株/ hm^2）	平均胸径（cm）	平均盖度（%）	平均高度（m）
乔木层	五角枫	100	450	8.8		8.9
	大果榆	100	375	10.3		8.1
	黑桦	100	250	11.4		8.3
	蒙古栎	100	225	13.7		9.6
	山杨	100	100	9.3		4.9
灌木层	小花溲疏	80	6800		23.8	0.9
	土庄绣线菊	60	640		1.4	0.8
	五角枫	60	400		2.8	0.7
	榛	40	1200		1.8	1.0
	蒙古栎	40	160		1.2	1.0
	大果榆	20	560		1.0	1.8
	东陵绣球	20	400		0.6	1.0
	三裂绣线菊	20	240		0.8	1.0
	山杨	20	80		0.4	1.2
草本层	披针叶薹草	40	5250		1.9	0.2
	东亚唐松草	40	2000		1.4	0.4
	玉竹	30	5500		1.8	0.2
	穿山龙	10	500		0.4	0.8
	藜芦	10	500		0.4	0.3
	三褶脉紫菀	10	250		0.3	0.2
	白芷	10	250		0.2	0.2
	茜草	10	250		0.1	0.2

3.4 落叶阔叶灌丛特征与分布

3.4.1 山杏灌丛 Form. *Prunus sibirica*

山杏为灌木或小乔木，高 1.5~5 m。生于干燥向阳山坡上、丘陵草原或与落叶乔灌木混生，海拔 700 ~ 2000 m。产于黑龙江、吉林、辽宁、内蒙古、甘肃、河北、山西等地。蒙古东部和东南部、俄罗斯远东和西伯利亚也有。

大海陀自然保护区内山杏在长椿沟、石头堡保护站附近、水库附近等地均有分布，面积较广，山可平均高度 2.1 m，平均盖度 66%，群落中有土庄绣线菊、暴马丁香等，其中土庄绣线菊数量上接近山杏，但高度和盖度远不及山杏。草本物种十分丰富，总计 81 种，主要有披针叶薹草、白莲蒿、野青茅、瓣蕊唐松草、西伯利亚远志、委陵菜等。群落主要种数量特征见表 3-20。

表 3-20　山杏群落主要种数量特征

群落层次	种名	频度（%）	密度（株/ hm^2）	平均盖度（%）	平均高度（m）
灌木层	山杏	100	4000	66.0	2.1
	土庄绣线菊	100	2800	14.0	0.9
	暴马丁香	60	1160	8.0	1.3
	鼠李	40	320	4.0	1.0
	小叶鼠李	40	240	2.6	1.0
	木本香薷	40	180	3.4	0.8
	多花胡枝子	20	1200	3.0	0.4
	达呼里胡枝子	20	1040	2.0	0.3
	毛丁香	20	360	4.0	1.4
	红花锦鸡儿	20	300	1.0	0.4
	大果榆	20	200	4.0	1.0
	圆叶鼠李	20	100	1.0	0.7
	蒙古栎	20	40	2.0	1.8
	山楂叶悬钩子	20	20	0.2	0.3
草本层	披针叶薹草	92	185300	49.2	0.2
	白莲蒿	80	22500	7.8	0.4
	野青茅	44	29800	3.5	0.4
	瓣蕊唐松草	36	1300	0.7	0.3
	西伯利亚远志	32	11100	1.6	0.2
	委陵菜	32	1600	0.7	0.2
	绢毛匍匐委陵菜	28	10000	2.3	0.1
	中华隐子草	28	9100	2.8	0.3
	狭叶青蒿	28	5800	2.5	0.4
	丛生隐子草	20	6800	1.2	0.2
	蓝萼香茶菜	20	5400	2.8	0.3
	小红菊	20	5300	0.8	0.1
	地榆	20	4100	0.9	0.3
	风毛菊	20	2200	1.0	0.2
	苍术	20	2200	1.0	0.2
	桃叶鸦葱	20	1100	0.6	0.1
	北柴胡	20	700	0.4	0.3

3.4.2 三裂绣线菊灌丛 Form. *Spiraea trilobata*

三裂绣线菊系落叶阔叶灌木，生于多岩石向阳坡地或灌木丛中，海拔 450～2400 m 均有分布。我国分布于黑龙江、辽宁、内蒙古、山东、山西、河北、河南、安徽、陕西等地，俄罗斯西伯利亚也有分布。

三裂绣线菊灌丛在大海陀自然保护区分布范围相对少，在纪宁堡村附近有分布。主要分布在海拔 1000 m 的山顶附近。

三裂绣线菊在群落中占有绝对优势，盖度在 50% 左右，平均高度 0.6 m，灌木层的伴生种有胡枝子、小叶鼠李、木本香薷、山杏等，这些物种盖度一般都较小，在 5%～15% 之间。草本层物种有 20 种左右，主要物种有白莲蒿、披针叶薹草、麻花头、委陵菜、野青茅等，草本层平均高度在 0.3 m 左右，盖度较高，在 80% 左右。群落主要种数量特征和物种生活型组成见表 3-21。

表 3-21 三裂绣线菊群落主要种数量特征

群落层次	种名	频度（%）	密度（株/ hm^2）	平均盖度（%）	平均高度（m）
灌木层	三裂绣线菊	100	138000	50.0	0.6
	胡枝子	100	3500	15.0	0.4
	小叶鼠李	100	1500	10.0	0.8
	木本香薷	100	1000	5.0	0.8
	山杏	100	400	15.0	0.4
草本层	白莲蒿	100	12000	4.8	0.3
	披针叶薹草	80	127500	50.0	0.2
	麻花头	60	5000	3.6	0.4
	委陵菜	60	5000	2.6	0.3
	野青茅	40	13500	2.8	0.7
	中华隐子草	40	7000	2.4	0.1
	瓣蕊唐松草	40	2500	2.6	0.7
	桃叶鸦葱	40	2500	2.6	0.1
	风毛菊	40	2000	2.0	0.2
	南牡蒿	40	1000	0.6	0.4

3.4.3 榛灌丛 Form. *Corylus heterophylla*

榛，又名榛，灌木，丛生，株高 1～2 m，最高可达 2.9 m。主要分布在黑龙江、吉林、辽宁、内蒙古、河北、山西和陕西等省份，但尤属东北大小兴安岭的榛子资源蕴藏量最大，品质好。榛为喜光树种，根蘖繁殖能力极强，适应性强，耐寒、耐瘠薄，主要生于山坡、山冈或蒙古栎林间的阳坡或平地上，在光照充足、土壤肥沃、排水良好的平原丘陵地带可连片集中分布。

大海陀自然保护区内榛灌丛分布面积较大，主要分布在三间房村、纪宁堡村等地，榛的平均盖度 80%，平均高度 1.9 m，此外灌木层伴生有土庄绣线菊、蒙古栎、暴马丁香等。草本层物种较丰富，约 60 余种，主要优势种为披针叶薹草，也有白莲蒿、野青茅、东亚唐松草、地榆、龙牙草、林荫千里光、穿山龙、山萝花、小红菊、北柴胡等。群落主要种数量特征和物种生活型组成见表 3-22。

表 3-22 榛群落主要种数量特征

群落层次	种名	频度（%）	密度（株/ hm²）	平均盖度（%）	平均高度（m）
灌木层	榛	100	6167	80.0	1.9
	土庄绣线菊	100	3200	17.7	0.9
	蒙古栎	100	2867	19.3	1.0
	暴马丁香	100	2733	19.3	2.2
	红花锦鸡儿	67	500	3.3	1.0
	三裂绣线菊	33	1000	8.3	1.0
	山杨	33	667	8.3	3.0
	山楂叶悬钩子	33	667	1.7	0.2
	达呼里胡枝子	33	600	1.0	0.4
	山杏	33	333	1.7	1.7
	胡枝子	33	267	1.0	0.5
	大果榆	33	167	1.7	1.0
	胡桃楸	33	67	1.7	3.5
草本层	披针叶薹草	93	49167	20.8	0.2
	白莲蒿	80	19833	11.4	0.5
	野青茅	60	27333	4.3	0.5
	地榆	40	4500	2.1	0.3
	龙牙草	40	3000	1.5	0.4
	东亚唐松草	40	2000	2.2	0.4
	林荫千里光	33	7667	2.3	0.3
	山萝花	33	4167	1.3	0.3
	小红菊	33	3500	0.9	0.1
	北柴胡	33	2167	0.8	0.3
	穿山龙	33	1667	1.5	0.3
	蓬子菜	27	2500	0.8	0.5
	大油芒	20	6333	1.2	0.7
	狼尾花	20	2667	0.8	0.2
	三齿萼野豌豆	20	1667	0.6	0.5
	委陵菜	20	1500	0.6	0.4
	桃叶鸦葱	20	1000	0.3	0.2
	茜草	20	833	0.5	0.2

3.4.4 虎榛子灌丛 Form. *Ostryopsis davidiana*

虎榛子为落叶阔叶灌木，多生于山地阴坡、半阴坡等受干扰小的地方。大海陀自然保护区内分布较少。该灌丛主要优势种为虎榛子，平均高度 1.5 m，盖度 70%，群落中伴生有尖叶铁扫帚、山杏、小叶鼠李、红花锦鸡儿、大果榆。草本受生存空间的限制，种类较少，有披针叶薹草、白莲蒿、中华隐子草、野青茅、黄花蒿等。群落主要种数量特征和物种生活型组成见表3-23。

表3-23　虎榛子群落主要种数量特征

群落层次	种名	频度（%）	密度（株/hm^2）	平均盖度（%）	平均高度（m）
灌木层	虎榛子	100	37700	70.0	1.5
	尖叶铁扫帚	100	3600	15.0	0.3
	山杏	100	1800	25.0	1.5
	小叶鼠李	100	1000	4.0	0.2
	红花锦鸡儿	100	600	3.0	0.6
	大果榆	100	500	3.0	1.8
草本层	披针叶薹草	100	48000	28.0	0.3
	中华隐子草	40	20500	4.0	0.3
	白莲蒿	40	15500	8.0	0.5
	野青茅	40	12500	2.6	0.5
	黄花蒿	40	2500	1.4	0.3
	青蒿	20	75000	12.0	1.0
	北柴胡	20	2500	0.6	0.4
	委陵菜	20	2000	0.6	0.2
	瓣蕊唐松草	20	2000	0.4	0.4
	苍术	20	1500	1.4	0.5
	山丹	20	1500	1.0	0.5
	西伯利亚远志	20	1500	0.4	0.1
	野鸢尾	20	1000	0.2	0.2
	穿山龙	20	500	0.6	0.3
	北柴胡	20	500	0.2	0.1
	黄精	20	500	0.2	0.1

3.4.5　暴马丁香灌丛 Form. *Ostryopsis davidiana*

暴马丁香生于山坡灌丛或林边、草地、沟边，或针、阔叶混交林中，海拔1000～1200 m。分布于黑龙江、吉林、辽宁等地。俄罗斯远东地区和朝鲜也有分布。

在大海陀自然保护区内，暴马丁香灌丛主要分布在三间房海拔1000～1200 m处。由于土壤条件差，暴马丁香成灌木状。该灌丛主要优势种暴马丁香的平均高度约1.7 m，平均盖度在50%左右，群落中伴生有达呼里胡枝子、红花锦鸡儿、山杏、木本香薷、三裂绣线菊、土庄绣线菊、毛丁香、榛等。草本植物种类较多，有50余种，主要有白莲蒿、野青茅、鹅观草、委陵菜、蓝萼香茶菜、中华隐子草、鼠掌老鹳草、穿山龙等。群落主要种数量特征和物种生活型组成见表3-24。

表 3-24　暴马丁香群落主要种数量特征

群落层次	种名	频度（%）	密度（株/ hm^2）	平均盖度（%）	平均高度（m）
灌木层	暴马丁香	100	3500	50.0	1.7
	达呼里胡枝子	100	1800	2.5	0.4
	红花锦鸡儿	100	1650	7.5	0.4
	山杏	100	1100	20.0	1.6
	木本香薷	50	4000	10.0	1.2
	三裂绣线菊	50	800	5.0	1.0
	土庄绣线菊	50	750	5.0	0.7
	毛丁香	50	250	5.0	1.8
	榛	50	100	2.5	2.0
草本层	白莲蒿	100	38250	17.1	0.7
	野青茅	50	23000	11.7	0.7
	鹅观草	50	13500	7.9	0.7
	委陵菜	50	7750	3.8	0.3
	中华隐子草	40	6000	2.2	0.5
	穿山龙	40	3500	1.4	0.4
	蓝萼香茶菜	40	3000	3.4	0.6
	鼠掌老鹳草	40	2500	1.7	0.3
	莓叶委陵菜	30	10500	3.0	0.1
	蓬子菜	30	6750	2.4	0.6
	蒙古蒿	30	5250	2.0	0.7
	龙牙草	30	3250	1.3	0.2
	大油芒	30	2250	1.5	0.5
	半钟铁线莲	30	1500	1.0	0.3
	三籽两型豆	30	1500	0.6	0.2
	短尾铁线莲	30	1000	2.0	0.9
	披针叶薹草	20	4500	3.5	0.2
	艾蒿	20	1750	0.7	0.4
	异叶败酱	20	1250	1.5	0.6
	东亚唐松草	20	1250	1.3	0.2
	糖芥	20	1000	1.1	0.7
	地榆	20	1000	0.3	0.6
	车前	20	750	0.7	0.1
	绢毛匍匐委陵菜	20	750	0.6	0.1

3.4.6　土庄秀线菊灌丛 Form. *Spiraea pubescens*

土庄绣线菊系落叶阔叶灌木，和三裂绣线菊外形相似，不同之处在于其叶菱状卵形，较狭，无明显三裂，且叶下面多柔毛。产黑龙江、吉林、辽宁、内蒙古、河北、河南、山西、陕西、甘肃、山东、湖北、安徽等地。生于干燥岩石坡地、向阳或半阴处、杂木林内，海拔 200～2500 m。蒙古、俄罗斯和朝鲜也有分布。

土庄绣线菊灌丛在大海陀自然保护区分布范围相对较少，仅见于石头堡保护站附近山坡，主要分布在海拔 1000 m 的上坡位附近。

土庄绣线菊在群落中盖度在 30% 左右，平均高度 0. 8 m，灌木层的伴生种有红花锦鸡儿，数量多于土庄绣线菊，但盖度和高度较低，另外还有山杏、暴马丁香、榛等，但均较少。草本层物种有 24 种，主要有披针叶薹草、白莲蒿、细裂叶蒿、中华隐子草、委陵菜、苦参、石竹等，草本层平均高度在 0. 4 m 左右，盖度很高，接近 100%。群落主要种数量特征和物种生活型组成见表 3-25。

表 3-25　土庄绣线菊群落主要种数量特征

群落层次	种名	频度（%）	密度（株/ hm^2）	平均盖度（%）	平均高度（m）
灌木层	土庄绣线菊	100	1400	30. 0	0. 8
	红花锦鸡儿	100	3500	10. 0	0. 4
	山杏	100	900	15. 0	1. 0
	暴马丁香	100	300	8. 0	1. 5
	榛	100	100	5. 0	1. 5
	红花锦鸡儿	100	3500	10. 0	0. 4
草本层	披针叶薹草	100	130000	64. 0	0. 2
	白莲蒿	100	63000	19. 0	0. 4
	细裂叶蒿	100	14000	7. 8	0. 3
	中华隐子草	80	21500	3. 0	0. 2
	委陵菜	80	8500	4. 0	0. 3
	苦参	80	7000	5. 4	0. 4
	石竹	80	3500	1. 2	0. 2
	白头翁	60	5000	2. 4	0. 3
	瓣蕊唐松草	60	4000	2. 4	0. 3
	地榆	60	4000	2. 0	0. 3
	矮紫苞鸢尾	40	15000	2. 6	0. 2
	祁州漏芦	40	1500	1. 4	0. 4
	细裂委陵菜	40	1500	0. 6	0. 2

3. 5　草甸群特征与分布

3. 5. 1　白莲蒿草甸 Form. *Artemisia gmelinii*

白莲蒿属半灌木状草本。遍布我国各地，也分布在日本、朝鲜、克什米尔、蒙古、俄罗斯、巴基斯坦、阿富汗、印度、尼泊尔等地，生长于海拔 300 ~ 3600m 的地区，常生于低海拔地区的山坡、山地阳坡局部地区，成为植物群落的优势种，灌丛地、路旁、森林草原地区的主要伴生种。

大海陀自然保护区的白莲蒿草甸群落主要分布在平地村山坡上坡位，海拔 1100 m 处。群落内共有草本 29 种。白莲蒿的平均高度约 1. 3 m，平均盖度 74. 0%。其他物种还有三齿萼野豌豆、龙牙草、硬质早熟禾、牡蒿、野青茅、蒙古蒿等。群落主要种数量特征见表 3-26。

表 3-26　白莲蒿群落主要种数量特征

群落层次	种名	频度（%）	密度（株/ hm^2）	平均盖度（%）	平均高度（m）
草本层	白莲蒿	100	162500	74.0	1.3
	三齿萼野豌豆	100	21500	8.4	0.9
	龙牙草	100	18500	7.0	0.8
	硬质早熟禾	80	55000	6.6	0.9
	牡蒿	80	11000	4.0	1.2
	野青茅	60	13000	4.0	0.6
	蒙古蒿	60	10000	6.0	0.9
	鼠掌老鹳草	60	8000	2.4	0.6
	毛连菜	60	4000	2.2	0.7
	石竹	60	3000	1.2	0.6
	细叶婆婆纳	60	2500	1.2	0.9
	东北堇菜	40	7500	2.6	0.6
	小蓬草	40	4500	1.2	0.7
	委陵菜	40	4000	1.1	2.8
	短尾铁线莲	40	2000	1.6	1.0
	歧茎蒿	20	15000	3.0	0.4
	蓬子菜	20	5000	1.0	0.2
	小红菊	20	4000	1.0	0.6
	直立黄耆	20	3000	2.0	0.8
	景天三七	20	3000	1.0	0.3
	蓝萼香茶菜	20	1500	1.0	1.1
	大油芒	20	1500	0.4	0.5
	三籽两型豆	20	1000	0.6	0.8
	黄花龙芽	20	500	0.6	1.7
	东亚唐松草	20	500	0.4	0.4
	山莴苣	20	500	0.4	0.8
	地榆	20	500	0.2	0.4
	女娄菜	20	500	0.2	0.4
	日本菟丝子	20	500	0.2	1.3

3.5.2　披针叶薹草草甸 Form. *Carex lanceolata*

披针叶薹草具短根状茎，地上茎斜升，紧密丛生。耐阴喜湿，适生于雨量充足、气候凉爽的地区，多生长于林下和林缘草地、山地草甸或草甸草原中。分布于我国东北、内蒙古、华北、西北、华中等地；日本、朝鲜、蒙古、西伯利亚和远东也有。

大海陀自然保护区的披针叶薹草草甸群落主要分布在海陀山顶，海拔约 2100 m 附近，群落内物种多是耐旱耐寒草本，共 54 种。披针叶薹草是群落的优势种，平均高度约0.2 m，平均盖度33.7%。数量较多的还有拳蓼、地榆、瓣蕊唐松草、小红菊、雾灵柴胡、胭脂花、紫苞风毛菊、蓬子菜、歪头菜等，高度相对较高的物种有小黄花菜、叉分蓼、山韭、硬质早熟禾等。群落主要种数量特征见表3-27。

表3-27 披针叶薹草群落主要种数量特征

群落层次	种名	频度（%）	密度（株/hm²）	平均盖度（%）	平均高度（m）
草本层	披针叶薹草	100	562833	33.7	0.2
	拳蓼	100	76500	5.7	0.4
	地榆	100	32000	4.9	0.2
	瓣蕊唐松草	93	18333	3.5	0.2
	小红菊	80	25333	3.2	0.1
	雾灵柴胡	73	20167	3.2	0.2
	胭脂花	67	12667	3.6	0.3
	紫苞风毛菊	60	72167	10.2	0.2
	蓬子菜	60	18833	1.7	0.2
	歪头菜	60	5833	1.1	0.1
	细裂叶蒿	53	40000	4.1	0.1
	莓叶委陵菜	47	9500	1.3	0.1
	穗花马先蒿	47	9333	1.1	0.1
	金莲花	47	5333	1.6	0.3
	蓝花棘豆	47	5333	1.1	0.2
	蓖苞风毛菊	40	85000	3.5	0.2
	乌苏里风毛菊	40	25333	2.5	0.1
	岩青兰	40	4000	1.9	0.1
	双花黄堇菜	33	10333	0.9	0.1
	卷耳	33	6167	0.5	0.1
	风毛菊	27	19167	1.7	0.1
	毛莨	27	13000	1.6	0.3
	柳叶蒿	27	6500	0.9	0.2

3.5.3 紫苞风毛菊草甸 Form. *Artemisia gmelinii*

紫苞风毛菊为多年生草本，其生境多为中低山地带的山顶部或山坡湿地。分布于我国东北、华北和内蒙古、陕西、甘肃、四川等地。

大海陀自然保护区的紫苞风毛菊草甸群落主要分布在海陀山山顶，海拔2100 m处。群落内共有草本26种。紫苞风毛菊的平均高度约0.2 m，平均盖度43.0%。另外群落中披针叶薹草也较多，但不及紫苞风毛菊，平均高度0.2 m，平均盖度38.0%。群落内其他物种还有拳蓼、瓣蕊唐松草、地榆、岩青兰、蓬子菜等。群落主要种数量特征见表3-28。

表 3-28　紫苞风毛菊群落主要种数量特征

群落层次	种名	频度（%）	密度（株/ hm^2）	平均盖度（%）	平均高度（m）
草本层	紫苞风毛菊	100	640000	43.0	0.2
	披针叶薹草	100	575000	38.0	0.2
	拳蓼	100	48500	4.8	0.4
	瓣蕊唐松草	100	32000	4.6	0.2
	地榆	100	30000	3.6	0.2
	岩青兰	100	11000	2.4	0.1
	蓬子菜	80	16000	2.6	0.2
	田葛缕子	60	38500	1.8	0.1
	胭脂花	60	11500	1.6	0.2
	风毛菊	40	32500	6.4	0.2
	穗花马先蒿	40	14500	1.2	0.2
	乌苏里风毛菊	40	12500	1.4	0.1
	雾灵柴胡	40	7500	1.6	0.2
	翠雀	40	4000	0.8	0.1
	蓝花棘豆	40	4000	0.6	0.2
	金莲花	40	2500	0.4	0.1
	蒲公英	40	2000	0.4	0.2
	返顾马先蒿	40	2000	0.4	0.2
	齿叶风毛菊	20	27500	3.0	0.1
	硬质早熟禾	20	12500	0.4	0.3
	红纹马先蒿	20	6500	0.4	0.2
	小红菊	20	3000	0.6	0.1
	叉分蓼	20	2500	0.2	0.3
	歪头菜	20	2500	0.2	0.1
	石沙参	20	1500	0.4	0.3
	花葱	20	1000	0.4	0.1

参考文献

[1]中国植被编委会．中国植被[M]．北京：科学出版社，1980.
[2]宋永昌．植被生态学[M]．上海：华东师范大学出版社，2001.
[3]崔国发，邢韶华，赵勃．北京山地植物和植被保护研究[M]．北京：中国林业出版社，2008.
[4]宋朝枢，蒋瑞海．河北大海陀自然保护区科学考察集[M]．北京：中国林业出版社，2002.

第4章　野生动物资源

4.1　动物区系基本组成

通过考察，共记录脊椎动物23目61科165种，其中兽类5目12科22种，鸟类14目40科120种，爬行类2目5科10种，两栖类1目2科3种，鱼类1目2科10种。记录国家Ⅰ级重点保护野生动物2种，为鸟类，即黑鹳、金雕。国家Ⅱ级重点保护野生动物种18中，其中兽类2种，即猞猁、斑羚；鸟类16种，即鸳鸯、黑鸢、秃鹫、白尾鹞、日本松雀鹰、雀鹰、苍鹰、普通鵟、红隼、红脚隼、燕隼、灰背隼、勺鸡、红角鸮、雕鸮、纵纹腹小鸮。

4.2　兽　类

4.2.1　兽类种类、数量及分布

通过布放鼠夹、红外相机及痕迹识别等方法，在大海陀自然保护区内调查到兽类22种，隶属5目12科(表4-1)，以食肉目(9种)和啮齿目(8种)居多。

表4-1　大海陀自然保护区兽类组成

目	科	种数	小计	比例(%)
食虫目 Insectivora	猬科 Erinaceidae	1	1	4.55
兔形目 Lagomorpha	兔科 Leporidae	1	1	4.55
啮齿目 Rodentia	松鼠科 Sciuridae	2	8	36.36
	鼠科 Muridae	5		
	仓鼠科 Circetidae	1		
食肉目 Insectovora	犬科 Canidae	2	9	40.91
	鼬科 Mustelidae	4		
	猫科 Felidae	2		
	灵猫科 Viverridae	1		
偶蹄目 Artiodaxtyla	猪科 Suidae	1	3	13.64
	鹿科 Cervidae	1		
	牛科 Bovidae	1		
合计	12	22	22	100.00

在人员活动较少的平地、南沟、三间房、龙潭沟样线上布放红外相机47台，每台布放1~2个月。调查到可辨识兽类9种(表4-2)，其中猪獾和豹猫数量最多，托氏兔、

野猪和狍数量较少，红外相机没有记录到斑羚，但据当地居民反映，斑羚仅出现于难于到达的陡峭山脊和断崖附近。

表 4-2　红外相机兽类调查结果表

种名	拍照地点数	生境	所在样线
托氏兔	1	灌丛	平地
花鼠	3	落叶阔叶林	三间房、龙潭沟
岩松鼠	5	落叶阔叶林	龙潭沟、南沟
貉	1	落叶阔叶林	三间房
狗獾	5	落叶阔叶林	三间房、南沟
猪獾	16	落叶阔叶林、灌丛	平地、南沟、三间房、龙潭沟
豹猫	14	落叶阔叶林	平地、南沟、三间房、龙潭沟
野猪	3	落叶阔叶林	平地
狍	3	落叶阔叶林	平地

进行啮齿动物调查时，鼠夹间隔 20～30 m，布放在样线两侧远离道路的环境，次日检查并回收鼠夹，鉴定并统计所捕获的啮齿动物。在南沟、龙潭沟、三间房、平地、公路、西沟和东沟 7 条样线上共布放了 506 个夹日，共捕获啮齿类 66 只，捕获率为 13.04%（表 4-3）。共捕获啮齿动物 5 种，其中中华姬鼠所占比例最大，为保护区内的绝对优势种，长尾仓鼠和北社鼠数量较少，而黑线姬鼠和花鼠的捕获数量很少(表 4-4)。

表 4-3　大海陀自然保护区啮齿类调查结果

样线名	夹日数	捕获数	捕获率(%)
南沟	65	9	13.85
龙潭沟	64	11	17.19
三间房	116	9	7.76
平地	55	10	18.18
公路	54	4	7.41
西沟	53	4	7.55
东沟	99	19	19.19
合计	506	66	13.04

表 4-4　大海陀自然保护区捕获各啮齿类动物数量统计

样线名	各物种捕获数量及比例(%)									
	中华姬鼠		长尾仓鼠		北社鼠		黑线姬鼠		花鼠	
	数量	比例(%)	数量	比例(%)	数量	比例(%)	数量	比例(%)	数量	比例(%)
南沟	5	7.58	2	3.03	2	3.03	0	0.00	0	0.00
龙潭沟	9	13.64	0	0.00	2	3.03	0	0.00	0	0.00
三间房	7	10.61	1	1.52	0	0.00	1	1.52	0	0.00
平地	9	13.64	0	0.00	1	1.52	0	0.00	0	0.00
公路	4	6.06	0	0.00	0	0.00	0	0.00	0	0.00
西沟	4	6.06	0	0.00	0	0.00	0	0.00	0	0.00
东沟	16	24.34	1	1.52	0	0.00	0	0.00	2	3.03
合　计	54	81.82	4	6.06	5	7.58	1	1.52	2	3.03

不同的生境类型与兽类的分布有直接关系。综合红外相机、鼠夹、访问以及痕迹调查结果，我们总结了大海陀自然保护区兽类分部特征(表 4-5)。啮齿目动物分布最广，森林、灌丛、农田村庄以及溪流等不同生境里都有分布；貉、狗獾、猪獾、豹猫、狍等栖息于距离农田和民居较远的林地；托氏兔主要出现于灌丛、草甸；黄鼬主要出现于农田、道路和民居附近；斑羚主要出现于山脊悬崖附近。

表 4-5 大海陀自然保护区兽类生态分布

种名	垂直分布			生境			
	低山	中山	高山	森林	灌丛	农庄	河流
东北刺猬 *Erinaceus amurensis*	√	√	√				
托氏兔 *Lepus tolai*	√	√	√			√	
花鼠 *Eutamias sibiricus*	√	√	√		√		√
岩松鼠 *Sciurrotamias davidianus*	√	√	√		√	√	
褐家鼠 *Rattus norvegicus*	√	√					√
北社鼠 *Niviventer confucianus*	√	√	√		√	√	
小家鼠 *Mus musculus*	√	√					√
大林姬鼠 *Apodemus peninsulae*	√	√	√		√	√	
黑线姬鼠 *Apodemus agrarius*	√	√	√		√		
长尾仓鼠 *Cricetulus longicaudatus*	√	√	√		√	√	
貉 *Nyctereutesprocyonoides*	√	√			√		
狼 *Canis lupus*	√	√	√		√	√	
黄鼬 *Mustela sibirica*	√					√	
狗獾 *Meles meles*	√	√	√		√	√	
猪獾 *Arctonys collaris*	√	√	√				
艾鼬 *Mustela eversmanni*							
豹猫 *Felis bengalensis*		√	√				
猞猁 *Lynx lynx*							
果子狸 *Paguma larvata*							
野猪 *Sus scrofa*							
狍 *Capreolus capreolus*		√	√				
斑羚 *Naemorhedus goral*							

4.2.2 兽类区系特征

在自然保护区兽类的区系组成中，古北界 10 种(45.5%)，东洋型 4 种(18.2%)，季风型 3 种(13.6%)，全北型 2 种(9.1%)，东北—华北型 1 种(4.5%)，中亚型 1 种(4.5%)，东北型 1 种(4.5%)(表 4-6)。古北型、东洋型和季风型种类所占比例较大。

4.2.3 兽类重点保护物种

自然保护区分布有国家Ⅱ级重点保护兽类 2 种，为猞猁和斑羚；河北省重点保护动物 9 种，其中食肉目 8 种，偶蹄目 1 种。

表 4-6 大海陀自然保护区兽类区系组成

目	种数						
	全北型	古北型	东北型	季风型	中亚型	东洋型	东北—华北型
食虫目 Insectivora			1				
兔形目 Lagomorpha		1					
啮齿目 Rodentia		4		1	1	1	1
食肉目 Insectovora	2	3		1		3	
偶蹄目 Artiodaxtyla		2		1			
合　计	2	10	1	3	1	4	1
百分比(%)	9.1	45.5	4.5	13.6	4.5	18.2	4.5

(1)猞猁 *Felis lynx*。为国家Ⅱ级重点保护野生动物。尾极短，通常不及头体长的1/4。四肢粗长而矫健。耳尖生有黑色耸立簇毛。两颊具下垂的长毛。上体浅棕、土黄棕、浅灰褐或麻褐色，或为灰白而间杂浅棕色调；腹面浅白、黄白或沙黄色。尾端呈黑色。为喜寒动物，栖息生境极富多样性，从亚寒带针叶林、寒温带针阔混交林至高寒草甸、高寒草原、高寒灌丛草原及高寒荒漠与半荒漠等各种环境均有其足迹。生活在森林灌丛地带、密林及山岩上。喜独居，耐饥性强，可在一处静卧几日，不畏严寒，以鼠类、野兔、雉类等为食，也捕食小野猪和小鹿。巢穴多筑在岩缝石洞或树洞内。每胎2～4仔。广泛分布于欧洲和亚洲北部。在大海陀自然保护区内当地人在石头堡保护站捕获一只猞猁，是本地区兽类的新记录物种，其毛皮和骨骼标本现保存于自然保护区管理处内。

(2)斑羚 *Naemorhedus goral*。体长约100 cm，肩高约51 cm。颌下无须。具足腺，无鼠蹊腺。雌雄两性均具角，角长13～15 cm，横切面呈圆形，二角由头部向后上方斜向伸展，角尖略微下弯。为典型的林栖兽类，栖息生境多样，从亚热带至北温带地区均有分布，可见于山地针叶林、山地针阔叶混交林和山地常绿阔叶林，但未见于热带森林中。常在密林间的陡峭崖坡出没，并在崖石旁、岩洞或丛竹间的小道上隐蔽。一般数只或10多只一起活动，其活动范围多不超过林线上限。冬季交配，翌年夏季产仔，每产1仔，偶产2仔。分布于中国东北、华北、西北、华南及西南诸省区。据当地群众反映，保护区内斑羚数量曾经较多，甚至可以在石头堡保护站附近的林道上见到，并且在陡峭的山崖附近经常可以遇见斑羚粪便，但猎捕曾经也比较严重，本次调查中我们利用红外相机没有拍到这一物种，也没有发现其痕迹，这在一定程度上反映了当地狩猎对这一物种的威胁。据当地人反映，大海陀自然保护区内斑羚分布于调查人员难于到达的陡崖山脊附近，当地人偶有预见。

(3)豹猫 *Felis bengalensis*。为河北省重点保护野生动物。体型与家猫大致相仿，但各亚种的差别比较大，西伯利亚的亚种体长可达到60 cm，尾长40 cm。毛基色显得灰且周身有深色斑点，由头到肩有4条主条纹。体侧有斑点，明显的白色条纹从鼻子一直延伸到两眼间，到头顶。耳大而尖，耳后黑色，带有白斑点。两条明显的黑色条纹从眼角内侧一直延伸到耳基部。内侧眼角到鼻部有一条白色条纹，鼻吻部白色。尾长，有环纹至黑色尾尖。栖息于灌丛林、茂密的次生林、被采伐地、人工林和农业区及人类居住地附近。捕食野兔、鸟类、爬行类、两栖类、鱼类、啮齿类等小型脊椎动物，偶尔也吃腐肉。夜行性，独居，善于攀爬和游泳。在大海陀保护区内远离人居环境的林地都有分布，粪便多见于山脊，保护区内利用红外相机在多处拍到过豹猫，数量较多。

(4)貉 *Nyctereutes procyonoides*。为河北省重点保护野生动物。中等体型，外形似狐，但较肥胖，体长50~65 cm，尾长25 cm，体重4~6 kg；吻尖，耳短圆，面颊生有长毛；四肢和尾较短，尾毛长而蓬松；体背和体侧毛均为浅黄褐色或棕黄色，背毛尖端黑色，吻部棕灰色，两颊和眼周的毛为黑褐色，从正面看为“八”字形黑褐斑纹，腹毛浅棕色，四肢浅黑色，尾末端近黑色。貉的毛色因地区和季节不同而有差异。分布于我国及俄罗斯亚洲部分、朝鲜、日本等地。貉生境多样，平原、丘陵、河谷、溪流附近均有栖息。穴居，一般利用其他动物的废弃洞穴或营巢于树根际和石隙间。白天在洞内睡眠，夜间外出觅食，行动缓慢。主要以鱼、虾、蛇、蟹、小型啮齿类、鸟类及鸟卵等为食，也吃植物性食物如浆果、真菌、谷物等。北方貉在冬季有蛰眠习性，但与真正的冬眠不同，呈昏睡状态，代谢活动并不停止。天敌有狼和猞猁等。每年3月间交配，一雄配多雌，5~6月间产仔，每胎4~8只，多者达10多只，幼兽生长很快，当年秋天即可独立生活。貉是一种较贵重的毛皮兽，毛长绒厚，质地轻韧、拔去针毛的绒皮为上好制裘原料。针毛弹性好，适于制造画笔。本次调查中，我们在平地样线上利用红外相机记录到一只貉，这也是2009年以来在松山和大海陀自然保护范围内的首次记录。

(5)狼 *Canis lupus*。为河北省重点保护野生动物。狼外形和狼狗相似，但吻略尖长，口稍宽阔，耳竖立不曲。尾挺直状下垂；毛色棕灰。栖息范围广，适应性强，凡山地、林区、草原、荒漠、半沙漠以至冻原均有狼群生存。中国除台湾、海南以外，各省份均产。狼既耐热，又不畏严寒。夜间活动。嗅觉敏锐，听觉良好。性残忍而机警，极善奔跑，常采用穷追方式获得猎物。杂食性，主要以鹿类、羚羊、兔等为食，有时亦吃昆虫、野果或盗食猪、羊等。能耐饥，亦可盛饱。据保护区内居民反映，近年来在农田附近的山林中偶尔看到过单独活动的狼。

(6)果子狸 *Paguma larvata*。为河北省重点保护野生动物。体长48~50cm，尾长37~41 cm；体重3600~5000 g。身体略胖，颈部粗短，和身体不易区分。体毛短而粗，体色为黄灰褐色，头部毛色较黑，由额头至鼻梁有一条明显的色带，眼下及耳下具有白斑，背部体毛灰棕色。后头、肩、四肢末端及尾巴后半部为黑色，四肢短壮，各具五趾。趾端有爪，爪稍有伸缩性；尾长，约为体长的2/3。夜行性动物。主要栖息在森林、灌木丛、岩洞、树洞或土穴中，偶可在开垦地发现。喜欢在黄昏、夜间和日出前活动，善于攀缘。属杂食性动物，颇喜食多汁之果类；以野果和谷物为主食，也吃树枝叶，还到果园中吃水果。在大海陀自然保护区内当地人在三间房样线附近曾捕获一只果子狸，是2009年在松山和大海陀自然保护范围内开展科学考察工作以来的首次记录。其毛皮标本现保存于自然保护区管理处内。

(7)黄鼬 *Mustela sibirica*。为河北省重点保护野生动物。俗名黄鼠狼，体长28~40 cm，雌性小于雄性1/2~1/3。头骨为狭长形，顶部较平。小型的食肉动物。栖息于平原、沼泽、河谷、村庄、城市和山区等地带。夜行性，主要以啮齿类动物为食，偶尔也吃其他小型哺乳动物，每年3~4月发情交配。选择柴草垛下、堤岸洞穴、墓地、乱石堆、树洞等隐蔽处筑巢。保护区内民居和道路附近可见。

(8)艾鼬 *Mustela eversmanii*。为河北省重点保护野生动物。又称作艾虎、地狗，是鼬科鼬属的小型毛皮动物，体形象黄鼬，身长 30 ~ 45 cm，尾长 11 ~ 20 cm。吻部钝，颈稍粗，足短。前肢间毛短，背中部毛最长，略为拱曲形。尾毛稍蓬松。背面为棕黄色，自肩部沿背脊向后至尾基之大部为棕红色，后背黑尖毛较多，臀部稍暗。体侧为淡棕色。鼻周和下颌为白色。鼻中部、眼周及眼间为棕黑色。眼上前方具卵圆形白斑。头顶棕黄色，额部棕黑色，具一条白色宽带。颊部、耳基灰白色，耳背及外缘为白色。颏部、喉部棕褐色。胸部、鼠蹊部淡黑褐色。尾近基部的大半段与前背毛色一致，末端 1/3 为黑色。栖息于海拔 3200 m 以下的开阔山地、草原、森林、灌丛及村庄附近。黄昏和夜间活动。主要以鼠型啮齿动物为食。在大海陀自然保护区内，当地人曾捕获一只，是 2009 年以来在松山和大海陀自然保护范围内的首次记录。其毛皮标本现保存于自然保护区管理处内。

(9)狗獾 *Meles meles*。为河北省重点保护野生动物。头体长 50 ~ 70 cm，尾长 13 ~ 21 cm。体形大、矮胖，有一明显的长鼻子，末端有一个大的外鼻垫。腿和尾均短而粗。面部延长，锥形，耳小而圆，耳尖白色，位于头两侧偏下。皮毛粗糙、茂密，长度适中。身体灰色，腿部为暗灰色到几乎黑色。头部有明显斑纹，面部大部为白色，具两黑纹，一条位于头部两侧，纵向贯穿整个面部，从鼻到眼，再到耳基部。白色的面部斑纹与全黑色的喉部和腹部形成鲜明对照。吻部长，具软骨质的鼻垫，鼻垫与上唇之间区域有毛。臭腺位于尾下肛门开口处之外，其气味用于标记。足为趾行性，每足具 5 趾，且足垫无毛。所有趾上均长有长而黑的弯爪，在上肢上的更长。具集群性，洞穴复杂。捕食无脊椎动物、小型爬行动物、地面营巢鸟类、小型哺乳动物、蛙类、腐肉、植物性食物以及蘑菇。夜行性或晨昏活动。在大海陀自然保护区内粪便及痕迹广泛分布于森林和灌丛，利用红外相机在保护区内多处拍摄到狗獾，但数量少于猪獾。

(10)猪獾 *Arctonys collaris*。为河北省重点保护野生动物。头体长 32 ~ 74 cm，尾长 9 ~ 22 cm。头部伸长，圆锥形，面部几乎为白色，从鼻子延伸出两条黑色条纹，穿过眼和淡白的耳直至颈部。足、腿和腹部为深褐色至黑色；喉部白色；前足的爪为白色；尾淡白色。头骨相对较窄而高；吻突长；眶下孔很大。主要栖息于森林、草地。独居，晨昏活动，地栖性。食物主要以植物块茎、根、蚯蚓、蜗牛和昆虫为主。偶尔会吃小型哺乳动物。用长鼻吻挖掘森林地面，以获取植物根茎。挖掘洞穴而居，雌性在洞穴里产仔，每年在 2 ~ 3 月产 1 胎，每胎 2 ~ 4 仔。在大海陀保护区内粪便及痕迹广泛分布于森林和灌丛，调查中利用红外相机在保护区内多处拍摄到猪獾，是拍摄最多的物种。

(11)狍 *Capreolus capreolus*。为河北省重点保护野生动物。体长 100 ~ 140 cm，尾长仅 2 ~ 3 cm，体重 25 ~ 45 kg。鼻吻裸出无毛，眼大，有眶下腺，耳短宽而圆，内外均被毛。颈和四肢都较长，后肢略长于前肢，蹄狭长，尾很短，隐于体毛内。雄性具角，角短，仅有三叉，无眉叉，主干离基部约 9cm 分出前后二枝，前枝尖向上，后枝再分歧成二小枝，其中一枝尖向上，一枝向后而偏内，角基部有一圈表面粗糙的节突，主干上同样有许多小节突。冬毛为均一的灰白色至浅棕色。吻部棕色，鼻端黑色，两颊黄棕色，耳基黄棕色，耳背灰棕色，耳内淡黄而近于白色，耳尖黑色。额、颈和体背为暗棕而稍带棕黄色，下颌淡黄，喉灰棕，腹部淡黄色。四肢外侧沙黄色。内侧较淡。尾淡黄色，臀部有明显的白色块斑。夏毛短而薄。从嘴到尾以及四肢的背侧都是纯黄棕色，背中线附近较深，腹面从胸部、鼠蹊部以至四肢内侧均为淡黄色。狍多栖息在疏林带，多在河谷及缓坡上活动，狍性情胆小。西伯利亚狍分布于亚洲西伯利亚、蒙古、朝鲜半岛及我国东北、华北和新疆等地区。大海陀保护区内的平地样线附近曾利用红外相机拍到狍。

4.2.4　与周边保护区的比较

距离大海陀自然保护区最近的是北京松山国家级自然保护区，与之作比较可以更好地反应大海陀保护区野生动物资源和保护现状。北京松山自然保护区位于大海陀自然保护区东南侧，分别位于主峰海陀峰的两侧。松山保护区地势陡峭，由于位于东南坡，整体海拔偏低，接受太阳辐射显著多于北坡，气候较温暖；而北坡的大海陀自然保护区地势较平缓，大部分地区位于海拔 1000 m 以上的山地。物候特征上，大海陀保护区一般会晚于松山保护区 10 ~ 15 天。松山保护区内有 3 条主要侵蚀河谷，每一条沟谷内都有水流，所有水流在保护区管理处附近交汇，流入下游佛峪口水库；而大海陀自然保护区内大部分地区较为干燥，只南沟一条沟谷有流水。两个保护区地形和气候的一系列差异也导致了野生动物区系的不同。松山保护区内只有 1 个行政村，民俗旅游和生态林管护已经成为当地居民的主要收入来源；而大海陀自然保护区内共有 5 个行政村，居民收入来源主要为农业种植、放羊以及外出打工，经济状况明显差于松山保护区。加之公路穿过保护区腹地，这些都加重了大海陀自然保护区的管护难度，狩猎现象难以避免。这在一定程度上会导致两保护区野生动物资源的差异。北京松山自然保护区自 1986 年成立国家级自然保护区以来，由于地缘优势，与北京林业大学、首都师范大学等高校常年展开科研合作，积累了大量的野生动物本底调查资料，而大海陀自然保护区以往对于野生动物系统的调查工作开展较少，这也会影响两保护区在记录物种数量上的差异。

在 2012 年出版的《北京松山自然保护区综合科学考察报告》中，共记录 30 种哺乳动物，其中 2009 ~ 2011 年的考察中有 6 种没有在实际调查中发现，为狐、貉、艾虎、果子狸、金钱豹和狍。而在我们对大海陀自然保护区的调查中记录到了貉、艾虎、果子狸和狍，并采集到了照片和标本。此外，大海陀自然保护区还采集到了猞猁的标本，这是两个保护区兽类的新纪录。狐和金钱豹近期在两个保护区都没有记录和目击，反映了这两个物种可能在这一地区已经灭绝。

本次在大海陀自然保护区实际调查到 5 目 12 科 22 种兽类，与松山保护区(6 目 15 科)相比，缺少食虫目的鼩鼱科和翼手目的所有类群。大海陀自然保护区由于缺少适合翼手目栖息的洞穴，我们没有调查到这个类群的动物；此外海拔较高、冬季气温较低可能也影响了新陈代谢率较高的鼩鼱科动物的分布。

4.3 鸟 类

4.3.1 鸟类种类、数量及分布

大海陀自然保护区的鸟类资源较为丰富，调查到的鸟类隶属14目40科共120种（表4-7）。由于保护区内环境主要为山地，缺少湿地，所以调查结果中林栖鸟类数量最多，游禽和涉禽的种类和数量很少。保护区分布有国家Ⅰ级重点保护鸟类2种，为金雕和黑鹳；国家Ⅱ级重点保护鸟类16种；河北省重点保护鸟类22种（表4-7）。

表4-7 河北大海陀国家级自然保护区鸟类调查结果

目	科	种	数量*	保护级别
䴙䴘目 Podicipediformes	䴙䴘科 Podicipedidae	小䴙䴘 *Tachybapus ruficollis*	1	
鹳形目 Ciconiiformes	鹭科 Ardeidae	池鹭 *Ardeola bacchus*	1	H
	鹳科 Ciconiidae	黑鹳 *Ciconia nigra*	1	Ⅰ
鸻形目 Charadriiformes	鹬科 Scolopacidae	白腰草鹬 *Tringa ochropus*	2	
雁形目 Anseriformes	鸭科 Anatidae	鸳鸯 *Aix galericulata*	8	Ⅱ
		绿头鸭 *Anas platyrhynchos*	1	
隼形目 Falconiformes	鹰科 Accipitridae	黑鸢 *Milvus migrans*	1	Ⅱ
		秃鹫 *Aegypius monachus*	记录	Ⅱ
		金雕 *Aquila chrysaetos*	标本	Ⅰ
		白尾鹞 *Circus cyaneus*	1	Ⅱ
		日本松雀鹰 *Accipiter gularis*	2	Ⅱ
		雀鹰 *Accipiter nisus*	3	Ⅱ
		苍鹰 *Accipiter gentilis*	1	Ⅱ
		普通鵟 *Buteo buteo*	4	Ⅱ
	隼科 Falconidae	红隼 *Falco tinnunculus*	1	Ⅱ
		红脚隼 *Falco amurensis*	6	Ⅱ
		灰背隼 *Falco columbarius*	1	Ⅱ
		燕隼 *Falco subbuteo*	2	Ⅱ
鸡形目 Galliformes	雉科 Phasianidae	日本鹌鹑 *Coturnix japonica*	标本	
		雉鸡 *Phasianus colchicus*	38	
		勺鸡 *Pucrasia macrolopha*	1	Ⅱ
		斑翅山鹑 *Perdix dauuricae*	1	
鸽形目 Columbiformes	鸠鸽科 Columbidae	岩鸽 *Columba rupestris*	10	
		山斑鸠 *Streptopelia orientalis*	2	
		珠颈斑鸠 *Streptopelia chinensis*	标本	
		火斑鸠 *Streptopelia tranquebarica*	1	
		灰斑鸠 *Streptopelia decaocto*	1	
鹃形目 Cuculiformes	杜鹃科 Cuculidae	鹰鹃 *Hierococcyx sparverioides*	4	H
		四声杜鹃 *Cuculus micropterus*	2	H
		大杜鹃 *Cuculus canorus*	6	H
		中杜鹃 *Cuculus saturatus*	1	H

（续）

目	科	种	数量*	保护级别
鸮形目 Strigiformes	鸱鸮科 Strigidae	红角鸮 *Otus sunia*	4	Ⅱ
		雕鸮 *Bubo bubo*	标本	Ⅱ
		纵纹腹小鸮 *Athene noctua*	1	Ⅱ
夜鹰目 Caprimulgiformes	夜鹰科 Caprimulgidae	普通夜鹰 *Caprimulgus indicus*	3	H
佛法僧目 Coraciiformes	翠鸟科 Alcedinidae	普通翠鸟 *Alcedo atthis*	1	
		冠鱼狗 *Megaceryle lugubris*	3	
戴胜目 Upupiformes	戴胜科 Upupidae	戴胜 *Upupa epops*	3	
䴕形目 Piciformes	啄木鸟科 Picidae	白背啄木鸟 *Dendrocopos leucotos*	1	H
		大斑啄木鸟 *Dendrocopos major*	2	H
		灰头绿啄木鸟 *Picus canus*	5	H
		星头啄木鸟 *Dendrocopos canicapillus*	1	H
		小星头啄木鸟 *Dendrocopos kizuki*	1	H
		小斑啄木鸟 *Dendrocopos minor*	1	H
雀形目 Passeriformes	百灵科 Alaudidae	云雀 *Alauda arvensis*	1	
	燕科 Hirundinidae	家燕 *Hirundo rustica*	2	
		金腰燕 *Cecropis daurica*	3	
		岩燕 *Ptyonoprogne rupestris*	1	
	鹡鸰科 Motacillidae	白鹡鸰 *Motacilla alba*	6	
		灰鹡鸰 *Motacilla cinerea*	1	
		山鹡鸰 *Dendronanthus indicus*	1	
		田鹨 *Anthus richardi*	1	
		树鹨 *Anthus hodgsoni*	17	
	山椒鸟科 Campephagidae	长尾山椒鸟 *Pericrocotus ethologus*	2	H
	鹎科 Pycnonotidae	白头鹎 *Pycnonotus sinensis*	1	H
	太平鸟科 Bombycillidae	大太平鸟 *Bombycilla garrulous*	18	H
	伯劳科 Laniidae	红尾伯劳 *Lanius cristatus*	1	
	黄鹂科 Oriolidae	黑枕黄鹂 *Oriolus chinensis*	1	H
	卷尾科 Dicrurudae	黑卷尾 *Dicrurus macrocercus*	1	H
	椋鸟科 Sturnidae	灰椋鸟 *Sturnus cineraceus*	5	
	鸦科 Corvidae	松鸦 *Garrulus glandarius*	12	
		灰喜鹊 *Cyanopica cyana*	1	
		红嘴蓝鹊 *Urocissa erythrorhyncha*	11	H
		喜鹊 *Pica pica*	86	H
		红嘴山鸦 *Pyrrhocorax pyrrhocorax*	3	
		达乌里寒鸦 *Corvus dauuricus*	5	
		大嘴乌鸦 *Corvus macrorhynchos*	85	
		小嘴乌鸦 *Corvus corone*	4	
		星鸦 *Nucifraga caryocatactes*	14	
	鹪鹩科 Troglodytidae	鹪鹩 *Troglodytes troglodytes*	3	
	岩鹨科 Prunellidea	棕眉山岩鹨 *Prunella montanella*	7	

（续）

目	科	种	数量*	保护级别
雀形目 Passeriformes	鸫科 Turdidae	斑鸫 *Turdus naumanni*	1	
		白眉鸫 *Turdus obscurus*	1	
		宝兴歌鸫 *Turdus mupinensis*	3	
		紫啸鸫 *Myophonus caeruleus*	2	
		红胁蓝尾鸲 *Tarsiger cyanurus*	41	
		北红尾鸲 *Phoenicurus auroreus*	28	
		红尾水鸲 *Rhyacornis fuliginosus*	1	
		黑喉石䳭 *Saxicola torquata*	1	
	鹟科 Muscicapidae	黄眉姬鹟 *Ficedula narcissina*	7	
		白眉姬鹟 *Ficedula zanthopygia*	1	
		红喉姬鹟 *Ficedula albicialla*	1	
	画眉科 Timaliidae	山噪鹛 *Garrulax davidi*	20	H
	鸦雀科 Paradoxornithidae	棕头鸦雀 *Paradoxornis webbianus*	35	
	扇尾莺科 Cisticolidae	山鹛 *Rhopophilus pekinensis*	13	H
	莺科 Sylviidae	鳞头树莺 *Urosphena squameicepa*	3	
		远东树莺 *Cettia canturians*	1	
		黄腰柳莺 *Phylloscopus proregulu*	31	
		云南柳莺 *Phylloscopus yunnanensis*	10	
		极北柳莺 *Phylloscopus borealis*	6	
		冕柳莺 *Phylloscopus coronatus*	10	
		褐柳莺 *Phylloscopus fuscatus*	6	
		巨嘴柳莺 *Phylloscopus schwarzi*	1	
		淡眉柳莺 *Phylloscopus humei*	2	
		冠纹柳莺 *Phylloscopus reguloides*	5	
	长尾山雀科 Aegithalidae	银喉长尾山雀 *Aegithalos caudatus*	270	
	山雀科 Paridae	沼泽山雀 *Parus palustris*	5	
		北褐头山雀 *Parus montanus*	79	
		黄腹山雀 *Parus venustulus*	61	
		大山雀 *Parus major*	80	
		煤山雀 *Parus ater*	1	
	䴓科 Sittidae	普通䴓 *Sitta europaea*	6	
		黑头䴓 *Sitta villosa*	17	H
	雀科 Passeridae	（树）麻雀 *Passer montanus*	137	
		山麻雀 *Passer rutilans*	6	
	燕雀科 Fringillidae	燕雀 *Fringilla montifringilla*	19	
		金翅雀 *Carduelis sinica*	2	
		黄雀 *Carduelis spinus*	3	
		白腰朱顶雀 *Carduelis flammea*	35	
		普通朱雀 *Carpodacus erythrinus*	6	
		北朱雀 *Carpodacus roseus*	20	
		红眉朱雀 *Carpodacus pulcherrimus*	12	

（续）

目	科	种	数量*	保护级别
雀形目 Passeriformes	鹀科 Emberizidae	灰眉岩鹀 *Emberiza godlewskii*	60	
		灰头鹀 *Emberiza spodocephala*	1	
		三道眉草鹀 *Emberiza cioides*	15	
		小鹀 *Emberiza pusilla*	12	
		田鹀 *Emberiza rustica*	3	
		黄喉鹀 *Emberiza elegans*	43	
		白头鹀 *Emberiza leucocephalos*	20	
		黄眉鹀 *Emberiza chrysophrys*	1	

注：Ⅰ、Ⅱ：国家Ⅰ、Ⅱ级重点保护野生动物；H：河北省重点保护野生动物；*：调查期间记录到的总数。

自然保护区内鸟类以雀形目(25 科 72 种)居多，占调查鸟类的 62.61%，其次为隼形目(12 种，10.44%；表 4-8)。水鸟所占比例最小，反映了保护区内缺少湿地环境。

表 4-8　大海陀自然保护区鸟类目、科、种数统计

目	科	种数	小计	比例(%)
䴙䴘目 Podicipediformes	䴙䴘科 Podicipedidae	1	1	0.83
鹳形目 Ciconiiformes	鹭科 Ardeidae	1	2	1.67
	鹳科 Ciconiidae	1		
雁形目 Anseriformes	鸭科 Anatidae	2	2	1.67
隼形目 Falconiformes	鹰科 Accipitridae	8	12	10.00
	隼科 Falconidae	4		
鸡形目 Galliformes	雉科 Phasianidae	4	4	3.33
鸻形目 Charadriiformes	鹬科 Scolopacidae	1	1	0.83
鸽形目 Columbiformes	鸠鸽科 Columbidae	5	5	4.17
鹃形目 Cuculiformes	杜鹃科 Cuculidae	4	4	3.33
鸮形目 Strigiformes	鸱鸮科 Strigidae	3	3	2.50
夜鹰目 Caprimulgiformes	夜鹰科 Caprimulgidae	1	1	0.83
佛法僧目 Coraciiformes	翠鸟科 Alcedinidae	2	2	1.67
戴胜目 Upupiformes	戴胜科 Upupidae	1	1	0.83
鴷形目 Piciformes	啄木鸟科 Picidae	6	6	5.00
雀形目 Passeriformes	百灵科 Alaudidae	1		
	燕科 Hirundinidae	3		
	鹡鸰科 Motacillidae	5		
	山椒鸟科 Campephagidae	1		
	鹎科 Pycnonotidae	1		
	太平鸟科 Bombycillidae	1		
	伯劳科 Laniidae	1		
	黄鹂科 Oriolidae	1		
	卷尾科 Dicruridae	1		
	椋鸟科 Sturnidae	1		
	鸦科 Corvidae	9		

（续）

目	科	种数	小计	比例(%)
雀形目 Passeriformes	鹪鹩科 Troglodytidae	1	76	63.33
	岩鹨科 Prunellidea	1		
	鸫科 Turdidae	8		
	鹟科 Muscicapidae	3		
	画眉科 Timaliidae	1		
	鸦雀科 Paradoxornithidae	1		
	扇尾莺科 Cisticolidae	1		
	莺科 Sylviidae	10		
	长尾山雀科 Aegithalidae	1		
	山雀科 Paridae	5		
	䴓科 Sittidae	2		
	雀科 Passeridae	2		
	燕雀科 Fringillidae	7		
	鹀科 Emberizidae	8		
合计		120	120	

自然保护区的环境类型多样，综合调查结果，将鸟类的分布状况与之对应(表 4-9)。

鹰鹃 *Hierococcyx sparverioides*、松鸦 *Garrulus glandarius* 等典型林栖鸟类主要栖息于距离农田和民居较远的中山森林环境。

灌丛环境中分布的鸟类主要有三道眉草鹀 *Emberiza cioides*、灰眉岩鹀 *Emberiza godlewskii*、山鹛 *Rhopophilus pekinensis*、山噪鹛 *Garrulax davidi*、棕头鸦雀 *Paradoxornis webbianus* 等。

农田村落环境中分布的鸟类主要有麻雀 Passer montanus 和喜鹊 Pica pica 等。

溪流池塘环境中分布的鸟类主要有普通翠鸟 *Alcedo atthis*、白腰草鹬 *Tringa ochropus*、鸳鸯 *Aix galericulata* 等。

表 4-9　大海陀自然保护区鸟类生态分布

种名	垂直分布		生境类型			
	低山	中山	森林	灌丛	农田村庄	湿地
小䴙䴘 *Tachybapus ruficollis*	√					√
池鹭 *Ardeola bacchus*	√					√
黑鹳 *Ciconia nigra*	√					√
白腰草鹬 *Tringa ochropus*	√					√
鸳鸯 *Aix galericulata*	√					√
绿头鸭 *Anas platyrhynchos*	√					√
黑鸢 *Milvus migrans*	√				√	
秃鹫 *Aegypius monachus*		√	√			
金雕 *Aquila chrysaetos*		√	√			
白尾鹞 *Circus cyaneus*	√	√	√	√		
日本松雀鹰 *Accipiter gularis*	√	√	√	√		

（续）

种名	垂直分布		生境类型			
	低山	中山	森林	灌丛	农田村庄	湿地
雀鹰 *Accipiter nisus*		√	√			
苍鹰 *Accipiter gentilis*		√	√			
普通鵟 *Buteo buteo*	√	√	√			
红隼 *Falco tinnunculus*	√			√		
红脚隼 *Falco amurensis*	√			√	√	√
灰背隼 *Falco columbarius*		√	√			
燕隼 *Falco subbuteo*	√	√	√	√	√	
日本鹌鹑 *Coturnix japonica*	√			√		
雉鸡 *Phasianus colchicus*	√	√	√	√	√	
勺鸡 *Pucrasia macrolopha*		√	√			
斑翅山鹑 *Perdix dauuricae*		√		√		
岩鸽 *Columba rupestris*	√	√		√	√	
山斑鸠 *Streptopelia orientalis*	√	√	√	√	√	
珠颈斑鸠 *Streptopelia chinensis*	√				√	
火斑鸠 *Streptopelia tranquebarica*	√				√	
灰斑鸠 *Streptopelia decaocto*		√			√	
鹰鹃 *Hierococcyx sparverioides*	√	√	√			
四声杜鹃 *Cuculus micropterus*	√	√	√			
大杜鹃 *Cuculus canorus*	√	√	√			
中杜鹃 *Cuculus saturatus*		√	√			
红角鸮 *Otus sunia*		√	√			
雕鸮 *Bubo bubo*		√	√	√		
纵纹腹小鸮 *Athene noctua*	√			√		
普通夜鹰 *Caprimulgus indicus*	√	√	√			
普通翠鸟 *Alcedo atthis*	√					√
冠鱼狗 *Megaceryle lugubris*	√					√
戴胜 *Upupa epops*	√				√	
白背啄木鸟 *Dendrocopos leucotos*	√				√	
大斑啄木鸟 *Dendrocopos major*	√	√	√		√	
灰头绿啄木鸟 *Picus canus*	√	√	√		√	
星头啄木鸟 *Dendrocopos canicapillus*	√				√	
小星头啄木鸟 *Dendrocopos kizuki*	√				√	
小斑啄木鸟 *Dendrocopos minor*	√				√	
云雀 *Alauda arvensis*	√	√		√	√	
家燕 *Hirundo rustica*	√				√	
金腰燕 *Cecropis daurica*	√				√	
岩燕 *Ptyonoprogne rupestris*		√		√		
白鹡鸰 *Motacilla alba*	√				√	√
灰鹡鸰 *Motacilla cinerea*	√					√

（续）

种名	垂直分布		生境类型			
	低山	中山	森林	灌丛	农田村庄	湿地
山鹡鸰 *Dendronanthus indicus*	√	√	√			√
田鹨 *Anthus richardi*	√			√	√	
树鹨 *Anthus hodgsoni*	√	√		√	√	
长尾山椒鸟 *Pericrocotus ethologus*		√	√			
白头鹎 *Pycnonotus sinensis*	√				√	
大太平鸟 *Bombycilla garrulous*		√			√	
红尾伯劳 *Lanius cristatus*		√		√		
黑枕黄鹂 *Oriolus chinensis*	√				√	
黑卷尾 *Dicrurus macrocercus*	√				√	
灰椋鸟 *Sturnus cineraceus*	√	√		√	√	
松鸦 *Garrulus glandarius*	√	√	√	√		
灰喜鹊 *Cyanopica cyana*		√			√	
红嘴蓝鹊 *Urocissa erythrorhyncha*	√	√	√	√	√	
喜鹊 *Pica pica*	√	√	√	√	√	
红嘴山鸦 *Pyrrhocorax pyrrhocorax*		√		√		
达乌里寒鸦 *Corvus dauuricus*		√		√		
大嘴乌鸦 *Corvus macrorhynchos*	√	√		√	√	
小嘴乌鸦 *Corvus corone*	√	√		√	√	
星鸦 *Nucifraga caryocatactes*		√	√			
鹪鹩 *Troglodytes troglodytes*	√	√		√		√
棕眉山岩鹨 *Prunella montanella*	√	√	√	√	√	
斑鸫 *Turdus naumanni*	√	√		√	√	
白眉鸫 *Turdus obscurus*		√	√			
宝兴歌鸫 *Turdus mupinensis*						
紫啸鸫 *Myophonus caeruleus*		√				√
红胁蓝尾鸲 *Tarsiger cyanurus*	√	√	√	√	√	
北红尾鸲 *Phoenicurus auroreus*	√	√	√	√	√	
红尾水鸲 *Rhyacornis fuliginosus*	√					√
黑喉石䳭 *Saxicola torquata*	√	√		√	√	
黄眉姬鹟 *Ficedula narcissina*		√	√			
白眉姬鹟 *Ficedula zanthopygia*	√				√	
红喉姬鹟 *Ficedula albicialla*		√			√	
山噪鹛 *Garrulax davidi*	√	√		√	√	
棕头鸦雀 *Paradoxornis webbianus*	√	√		√	√	
山鹛 *Rhopophilus pekinensis*	√	√		√	√	
鳞头树莺 *Urosphena squameicepa*	√	√	√	√		
远东树莺 *Cettia canturians*		√			√	
黄腰柳莺 *Phylloscopus proregulu*	√	√	√	√		
云南柳莺 *Phylloscopus yunnanensis*	√	√	√			

（续）

种名	垂直分布		生境类型			
	低山	中山	森林	灌丛	农田村庄	湿地
极北柳莺 *Phylloscopus borealis*	√	√	√	√		
冕柳莺 *Phylloscopus coronatus*	√	√	√	√		
褐柳莺 *Phylloscopus fuscatus*		√		√		
巨嘴柳莺 *Phylloscopus schwarzi*		√		√		
淡眉柳莺 *Phylloscopus humei*		√	√			
冠纹柳莺 *Phylloscopus reguloides*		√	√	√		
银喉长尾山雀 *Aegithalos caudatus*	√	√		√		
沼泽山雀 *Parus palustris*	√	√	√	√		
北褐头山雀 *Parus montanus*	√	√	√	√	√	
黄腹山雀 *Parus venustulus*	√	√	√	√		
大山雀 *Parus major*	√		√	√	√	
煤山雀 *Parus ater*		√	√			
普通鳾 *Sitta europaea*		√	√			
黑头鳾 *Sitta villosa*		√	√			
（树）麻雀 *Passer montanus*	√	√			√	
山麻雀 *Passer rutilans*		√		√	√	
燕雀 *Fringilla montifringilla*		√	√			
金翅雀 *Carduelis sinica*	√	√	√	√	√	
黄雀 *Carduelis spinus*		√	√			
白腰朱顶雀 *Carduelis flammea*		√	√			
普通朱雀 *Carpodacus erythrinus*		√	√			
北朱雀 *Carpodacus roseus*		√	√			
红眉朱雀 *Carpodacus pulcherrimus*		√	√			
灰眉岩鹀 *Emberiza godlewskii*	√	√		√	√	
灰头鹀 *Emberiza spodocephala*	√	√	√			
三道眉草鹀 *Emberiza cioides*	√	√		√	√	
小鹀 *Emberiza pusilla*	√	√		√		
田鹀 *Emberiza rustica*	√	√		√	√	
黄喉鹀 *Emberiza elegans*	√	√	√	√		
白头鹀 *Emberiza leucocephalos*	√	√		√		
黄眉鹀 *Emberiza chrysophrys*		√	√			

4.3.2　鸟类区系特征

自然保护区鸟类区系组成中，所占比例最多的依次为古北型、东北型、东洋型、广布型、全北型、季风区型、南中国型、中亚型、喜马拉雅—横断山区型、东北—华北型和华北型(表4-10)，鸟类以古北界物种为主，同时也具有一定比例的东洋界物种，是古北界、东洋界种类相互渗透的地区，与本地区所在的地理位置一致。在分布型上，以古北型种类为主，同时其他分布型(包括东洋界的分布型)也有一定数量。

表 4-10　大海陀自然保护区鸟类区系组成

目	种数										
	C	U	M、K	B	X	E	D	H	S	W	O
䴙䴘目 Podicipediformes										1	
鹳形目 Ciconiiformes		1								1	
鸻形目 Charadriiformes		1									
雁形目 Anseriformes	1					1					
隼形目 Falconiformes	4	5	1								2
鸡形目 Galliformes							1		1		2
鸽形目 Columbiformes						1				3	1
鹃形目 Cuculiformes			1							2	1
鸮形目 Strigiformes		2									1
佛法僧目 Coraciiformes											2
戴胜目 Upupiformes											1
鴷形目 Piciformes		4	1							1	
夜鹰目 Caprimulgiformes										1	
雀形目 Passeriformes	8	21	20	1	2	1	3	3	4	8	5
合计	13	34	23	1	2	3	4	3	5	17	15
百分比(%)	10.8	28.3	19.2	0.83	1.67	2.5	3.3	2.5	4.2	14.2	12.5

注：C：全北型；U：古北型；M、K：东北型；B：华北型；X：东北—华北型；E：季风区型；D：中亚型；H：喜马拉雅—横断山区型；S：南中国型；W：东洋型；O：广布型。

4.3.3　鸟类重点保护物种

(1)黑鹳 *Ciconia nigra*。国家Ⅰ级重点保护鸟类。体长100 cm，除下胸、腹部及尾下白色外，其余体色黑，黑色部位具绿色和紫色光泽。飞行时翼下黑色，仅三级飞羽及次级飞羽内侧白色。嘴粗长，红色。眼周裸露皮肤红色。亚成鸟上体褐色，下体白色。栖息于靠近河流的高山地带，常在浅水溪流中捕食鱼类，也取食蛙和昆虫。黑鹳在国外的分布亦很广，繁殖在整个欧亚大陆古北区范围，大约在北纬40°~60°的整个区域。在保护区内曾发现在石头堡保护站上方飞过。

(2)金雕 *Aquila chrysaetos*。国家Ⅰ级重点保护鸟类。全长76~102 cm，翼展平均超过2.3 m，体重2~7.2 kg。头顶黑褐色，后头至后颈羽毛尖长，呈柳叶状，羽基暗赤褐色，羽端金黄色，具黑褐色羽干纹。上体暗褐色，肩部较淡，背肩部微缀紫色光泽；尾上覆羽淡褐色，尖端近黑褐色，尾羽灰褐色，具不规则的暗灰褐色横斑或斑纹，还有一宽阔的黑褐色端斑；翅上覆羽暗赤褐色，羽端较淡，为淡赤褐色，初级飞羽黑褐色，内侧初级飞羽内翈基部灰白色，缀杂乱的黑褐色横斑或斑纹；次级飞羽暗褐色，基部具灰白色斑纹，耳羽黑褐色。下体颏、喉和前颈黑褐色，羽基白色；胸、腹亦为黑褐色，羽轴纹较淡，覆腿羽、尾下覆羽和翅下覆羽及腋羽均为暗褐色，覆腿羽具赤色纵纹。生活在草原、荒漠、河谷，特别是高山针叶林中，冬季亦常在山地丘陵和山脚平原地带活动。白天常见在高山岩石峭壁之巅，以及空旷地区的高大树上歇息，或在荒山坡、墓地、灌丛等处捕食。保护区管理处现保存一只金雕皮张，为保护区内采集。

(3)鸳鸯 *Aix galericulata*。国家Ⅱ级重点保护鸟类。小型游禽，雄鸟额和头顶中央翠绿色，并具金属光泽；枕部铜赤色，与后颈的暗紫绿色长羽组成羽冠。眉纹白色，宽而且长，并向后延伸构成羽冠的一部分。眼先淡黄色，颊部具棕栗色斑，眼上方和耳羽棕白色，颈侧具长矛形的辉栗色领羽。背、腰暗褐色，并具铜绿色金属光泽；内侧肩羽紫色，外侧数枚纯白色，并具绒黑色边；翅上覆羽与背同色。初级飞羽暗褐色，外翈具银白色羽缘，内翈先端具铜绿色光泽；次级飞羽褐色，具白色羽端，内侧数枚外翈呈金属绿色；三级飞羽黑褐色，外翈亦呈金属绿色，与内侧次级飞羽外翈上的绿色共同组成蓝绿色翼镜，最后一枚三级飞羽外翈为金属绿色，具栗黄色先端，而内翈则扩大成扇状，直立如帆，栗黄色，边缘前段为棕白色，后段为绒黑色，羽干黄色。尾羽暗褐色而带金属绿色。颏、喉纯栗色。上胸和胸侧暗紫色，下胸至尾下覆羽乳白色，下胸两侧绒黑色，具两条白色斜带，两胁近腰处具黑白相间的横斑，其后两胁为紫赭色，腋羽褐色。雌鸟头和后颈灰褐色，无冠羽，眼周白色，其后一条白纹与眼周白圈相连，形成特有的白色眉纹。上体灰褐色，两翅和雄鸟相似，但无金属光泽和帆状直立羽。颏、喉白色。胸、胸侧和两胁暗棕褐色，杂有淡色斑点。腹和尾下覆羽白色。一般生活在针阔混交林及附近的溪流、沼泽、芦苇塘和湖泊等处，喜欢成群活动。春季在龙潭沟内多次记录到鸳鸯，但繁殖期没有记录到。

(4)红隼 *Falco tinnunculus*。国家Ⅱ级重点保护鸟类，体小(33 cm)的赤褐色隼。雄鸟头顶及颈背灰色，尾蓝灰无横斑，上体赤褐略具黑色横斑，下体皮黄而具黑色纵纹。雌鸟体型略大，上体全褐，比雄鸟少赤褐色而多粗横斑。亚成鸟似雌鸟，但纵纹较重。与黄爪隼区别在尾呈圆形，体型较大，具髭纹，雄鸟背上具点斑，下体纵纹较多，脸颊色浅。分布于非洲、古北界地区、印度及中国；越冬于菲律宾及东南亚地区。为常见留鸟及季候鸟。在保护区内公路附近有记录。

(5)红脚隼 *Falco amurebsis*。国家Ⅱ级重点保护鸟类。体长 26 ~ 30 cm，体重 124 ~ 190 g。雄鸟、雌鸟及幼鸟体色有差异。雄鸟上体大都为石板黑色；颏、喉、颈、侧、胸、腹部淡石板灰色，胸具纤细的黑褐色羽干纹；肛周、尾下覆羽、覆腿羽棕红色。雌鸟上体大致为石板灰色，具黑褐色羽干纹，下背、肩具黑褐色横斑；颏、喉、颈侧乳白色，其余下体淡黄白色或棕白色，胸部具黑褐色纵纹，腹中部具点状或矢状斑，腹两侧和两胁具黑色横斑。幼鸟和雌鸟相似，但上体较褐，具宽的淡棕褐色端缘和显著的黑褐色横斑；飞羽黑褐色，具沾棕色的白色缘，下体棕白色，胸和腹纵纹较为明显；肛周、尾下覆羽、覆腿羽淡皮黄色。虹膜暗褐；嘴黄，先端石板灰；跗和趾橙黄色，爪淡白黄色。保护区内多活动于农田附近，常栖息于电线上伺机捕食农田中的昆虫。

(6)燕隼 *Falco subbuteo*。国家Ⅱ级重点保护鸟类。体小(31cm)的灰色隼。腿、腹部及臀棕色。飞行时白色的翼下覆羽为其特征。雌鸟额白，头顶灰色具黑色纵纹；背及尾灰，尾具黑色横斑；喉白，眼下具偏黑色线条；下体乳白，胸具醒目的黑色纵纹，腹部具黑色横斑；翼下白色并具黑色点斑及横斑。亚成鸟似雌鸟但下体斑纹为棕褐色而非黑色。繁殖于西伯利亚至朝鲜北部及中国中北部、东北，印度东北部有一记录。迁徙时见于印度及缅甸；越冬于非洲。在繁殖分布区甚常见。罕见候鸟于华东及华南。保护区内夏季见繁殖于石头堡保护站附近的农田林缘，及经过大海陀保护站的公路附近。

(7)灰背隼 *Falco columbarius*。国家Ⅱ级重点保护鸟类。体长25~33 cm，体重122~205 g。前额、眼先、眉纹、头侧、颊和耳羽均为污白色，微缀皮黄色。上体的颜色比其他隼类浅淡，尤其是雄鸟，呈淡蓝灰色，具黑色羽轴纹。尾羽上具有宽阔的黑色亚端斑和较窄的白色端斑。后颈为蓝灰色，有一个棕褐色的领圈，并杂有黑斑，是其独有的特点。颏部、喉部为白色，其余的下体为淡棕色，具棕褐色羽干纹。虹膜暗褐色，嘴铅蓝灰色，尖端黑色，基部黄绿色，眼周和蜡膜黄色，脚和趾橙黄色，爪黑褐色。栖息于开阔的低山丘陵、山脚平原、森林平原、海岸和森林苔原地带，特别是林缘、林中空地、山岩和有稀疏树木的开阔地方，冬季和迁徙季节也见于荒山河谷、平原旷野、草原灌丛和开阔的农田草坡地区。保护区内在东沟内记录到一只。

(8)秃鹫 *Aegypius monachus*。国家Ⅱ级重点保护鸟类。全长约110 cm，体重7~11 kg，翼展约2 m。成年秃鹫头部为褐色绒羽，后头羽色稍淡，颈裸出，呈铅蓝色，皱领白褐色。上体暗褐色，翼上覆羽亦为暗褐色，初级飞羽黑色，尾羽黑褐色。下体暗褐色，胸前具绒羽，两侧具矛状长羽，胸、腹具淡色纵纹，尾下覆衬白色，覆腿黑褐色。秃鹫虹膜褐色，嘴端黑褐色，腊膜铝蓝色，跗跖和趾灰色，爪黑色。多食大型动物尸体，裸露的头能非常方便地伸进尸体的腹腔。在保护区内曾捕捉并救护过1只秃鹫。

(9)白尾鹞 *Circus cyaneus*。国家Ⅱ级重点保护鸟类。为体型略大(50 cm)的灰色或褐色鹞。具显眼的白色腰部及黑色翼尖。繁殖于全北界；冬季南迁至北非、中国南方、东南亚及婆罗洲。为常见的季候鸟。在保护区内见于农田林缘。

(10)苍鹰 *Accipiter gentilis*。国家Ⅱ级重点保护鸟类。体长48~61 cm，翼展135~165 cm，雄性体重800~1350 g，雌性体重500~1100 g。前额、头顶、枕和头侧黑褐色，颈部羽基白色；眉纹白而具黑色羽干纹；耳羽黑色；上体到尾灰褐色；飞羽有暗褐色横斑，内翈基部有白色块斑。尾灰褐色，具3~5道黑褐色横斑。喉部有黑褐色细纹及暗褐色斑。胸、腹、两胁和覆腿羽布满较细的横纹，羽干黑褐色。肛周和尾下覆羽白色，有少许褐色横斑。苍鹰为森林猛禽，栖息于疏林、林缘和灌丛地带。次生林中也较常见。栖息于不同海拔高度的针叶林、混交林和阔叶林等森林地带，也见于山区平原和丘陵地带的疏林和小块林内，是森林中肉食性猛禽。在保护区内见于中山林地。

(11)日本松雀鹰 *Accipiter gularis*。小型猛禽，体长23~33 cm，体重75~173 g，雌鸟比雄鸟体形大。外形和羽色很像松雀鹰，但喉部中央的黑纹较为细窄，不似松雀鹰那样宽而粗。少部分为留鸟外，一般在中国北方为夏候鸟，在南方为冬候鸟。主要栖息于山地针叶林和混交林中，也出现在林缘和疏林地带，是典型的森林猛禽。主要以小型鸟类为食，也吃昆虫和蜥蜴。在保护区内见于中山林地。

(12)雀鹰 *Accipiter nisus*。国家Ⅱ级重点保护鸟类。中等体型(雄鸟32 cm，雌鸟38 cm)而翼短的鹰。雄鸟上体褐灰，白色的下体上多具棕色横斑，尾具横带。脸颊棕色为识别特征。雌鸟体型较大，上体褐，下体白，胸、腹部及腿上具灰褐色横斑，无喉中线，脸颊棕色较少。亚成鸟胸部具褐色横斑而无纵纹。繁殖于古北界；候鸟迁至非洲、印度、东南亚。在保护区内见于中山林地。

(13)普通鵟 *Buteo buteo*。国家Ⅱ级重点保护鸟类。体型略大(55 cm)的红褐色鵟。上体深红褐色；脸侧皮黄具近红色细纹，栗色的髭纹显著；下体偏白上具棕色纵纹，两胁及大腿沾棕色。飞行时两翼宽而圆，初级飞羽基部具特征性白色块斑。尾近端处常具黑色横纹。在高空翱翔时两翼略呈“V”形。繁殖于古北界及喜马拉雅山脉；北方鸟至北非、印度及东南亚越冬。在保护区内见于中山林地。

(14)黑鸢 *Milvus migrans*。国家Ⅱ级重点保护鸟类。体长 54 ~ 69 cm。上体暗褐色，下体棕褐色，均具黑褐色羽干纹，尾较长，呈叉状，具宽度相等的黑色和褐色相间排列的横斑；飞翔时翼下左右各有一块大的白斑。栖息于开阔平原、草地、荒原和低山丘陵地带，主要以小鸟、鼠类、蛇、蛙、鱼、野兔、蜥蜴和昆虫等动物性食物为食。觅食主要通过敏锐的视觉，通常通过在空中盘旋来观察和觅找食物。常单独在高空飞翔，秋季有时亦呈 2 ~ 3 只的小群。在保护区内见于中山林地。

(15)勺鸡 *Pucrasia macrolopha*。国家Ⅱ级重点保护鸟类。雌雄异色，雄鸟头部呈金属暗绿色，并具棕褐色和黑色的长冠羽；颈部两侧各有一白色斑；体羽呈现灰色和黑色纵纹；下体中央至下腹深栗色。雌鸟体羽以棕褐色为主；头不呈暗绿色，下体也无栗色。分布于阿富汗、中国、印度、尼泊尔和巴基斯坦。栖息于针阔混交林，密生灌丛的多岩坡地，山脚灌丛，开阔的多岩林地，松林及杜鹃林。勺鸡雄鸟和雌鸟单独或成对活动，性情机警，很少结群，夜晚也成对在树枝上过夜。保护区内数量不多，在南沟内用红外相机拍到过一只勺鸡。

(16)雕鸮 *Bubo bubo*。国家Ⅱ级重点保护鸟类。体形硕大(69 cm)的鸮类。耳羽簇长，橘黄色的眼特显形大。体羽褐色斑驳。胸部片黄，多具深褐色纵纹且每片羽毛均具褐色横斑。羽延伸至趾。分布于古北界、中东、印度次大陆。栖于有林山区，营巢于岩崖，极少于地面。在保护区管理处内现保存一只雕鸮标本，为保护区内采集。

(17)红角鸮 *Otus sunia*。国家Ⅱ级重点保护鸟类。体小(19 cm)而褐色斑驳的角鸮。眼黄色，胸满布黑色条纹。分灰色型及棕色型。眼色较浅且无浅色颈圈；胸具黑色条纹，体小而灰色重，条纹于下体多而上体少。繁殖于喜马拉雅山脉、印度次大陆、东亚及东南亚地区；有些至南方越冬。于林缘、林中空地及次生植丛的小矮树上捕食。在保护区内广泛分布于林地，繁殖期夜晚可以听到其鸣叫。

(18)纵纹腹小鸮 *Athene noctua*。国家Ⅱ级重点保护鸟类。体长 20 ~ 26 cm。面盘和领翎不明显，也没有耳簇羽。上体为沙褐色或灰褐色，并散布有白色的斑点。下体为棕白色而有褐色纵纹，腹部的中央到肛周以及覆腿羽均为白色，跗跖和趾则均被有棕白色羽毛。虹膜黄色，嘴黄绿色，爪黑褐色。纵纹腹小鸮在各地均为留鸟，栖息于低山丘陵、林缘灌丛和平原森林地带，也出现在农田、荒漠和村庄附近的树林中。主要在白天活动，常在大树顶端和电线杆上休息。飞行迅速，主要通过等待和快速追击来捕猎食物。叫声多变，主要是一种哀婉的声音，在短暂的间歇中不断反复，此外还常有一种尖叫声。食物主要是鼠类和鞘翅目昆虫，也吃小鸟、蜥蜴、蛙等小型动物。在追捕猎物的时候，不仅同其他猛禽一样从空中袭击，而且还会奔跑追击。保护区内偶有记录。

4.3.4　与周边保护区的比较

2009 ~ 2011 年在北京松山国家级自然保护区内的鸟类调查共记录 13 目 37 科 120 种，本次大海陀保护区的调查共记录 14 目 40 科 120 种，二者差异不大，这既反映了两个保护区鸟类的种类相似性，也反映了两次调查强度的相似性。松山记录到国家Ⅰ级重点保护鸟类 1 种(金雕)，国家Ⅱ级重点保护鸟类 17 种；本次调查中除记录了金雕之外还记录了黑鹳(Ⅰ级)，对这一地区的重点保护鸟类进行了补充；此外还记录了16种国家Ⅱ级重点保护鸟类，除鸳鸯和勺鸡外都为猛禽，与松山保护区的情况相似。由于两个自然保护区内都缺少湿地环境，所以调查结果中的水鸟种类很少，反映了这一地区鸟类区系特征的共同特点。

由于调查时间和调查人员的差异，两自然保护区调查到的鸟类的种类有一些差异，但反映了共同的区系特征，互为补充。

4.4 两栖爬行类

4.4.1 两栖爬行类的种类、数量与分布

大海陀自然保护区内调查到的两栖类有1目2科3种；爬行类2目5科10种。中华蟾蜍和黑斑蛙多出现于石头堡保护站水库附近，林蛙在夏季则出现于保护区内的山谷地带，尤其以南沟和大海陀保护站以北的溪流池塘为多。保护区内爬行类数量最多的是白条锦蛇，是保护区内的优势种，采集于溪流边和山地森林地带；虎斑颈槽蛇采集于溪流、池塘附近，丽斑麻蜥和山地麻蜥仅在石头堡保护站附近的农田地带发现；黄脊游蛇采集于大海陀保护站附近的公路边；中介蝮是这一地区的新纪录，采集于南沟溪流边；无蹼壁虎主要出现于民居内外(表4-11)。

表4-11 大海陀自然保护区两栖爬行动物生态分布统计

种名	数量	生境	发现地点
中华蟾蜍 *Bufo gargarizans*		c	公路、东沟、龙潭沟
黑斑蛙 *Rana nigromaculata*		c	东沟
中国林蛙 *Rana chensinensis*		bcd	公路、东沟、龙潭沟
无蹼壁虎 *Gekko swinhonis*	5	a	民居
丽斑麻蜥 *Eremias argus*	2	e	石头堡保护站附近农田
山地麻蜥 *Eremias brenchleyi*	2	e	石头堡保护站附近农田
蓝尾石龙子 *Eumeces elegans*	3	f	大海陀保护站附近山坡
黄纹石龙子 *Eumeces capito*	1	f	石头堡保护站附近山沟
白条锦蛇 *Elaphe dione*	5	bd	东沟、龙潭沟、平地、公路
虎斑颈槽蛇 *Rhabdophis tigrinus*	2	b	龙潭沟、公路
黄脊游蛇 *Coluber spinalis*	1	f	公路
乌梢蛇 *Zaocys dhumnades*	1	f	公路
中介蝮 *Gloydius intermedius*	1	b	龙潭沟

注：a. 民居；b. 溪流；c. 水库池塘；d. 山地森林；e. 农田；f. 山谷灌丛。

两栖类从分布型来看，2种为季风型，1种为东北—华北型。爬行类区系组成以东北—华北型种类最多(2种，表4-12)。主要反映了东北—华北区系和季风型区系特征，并有古北型、华北型、中亚型和南中国型物种渗透。

表 4-12 大海陀自然保护区两栖爬行动物区系分布

目	种数						
	古北型	东北—华北型	季风区型	华北型	中亚型	南中国型	东洋型
两栖类							
无尾目 Anura		1	2				
爬行类							
蜥蜴目 Lacertilia		2		2		1	
蛇目 Serpentes	1		1		1	1	1

4.4.2 与周边保护区的比较

松山保护区最近的科考工作中共记录两栖爬行类 3 目(亚目)7 科 11 种，加上以往调查种类一共 17 种。本次大海陀保护区的考察共记录 3 目 7 科 13 种，与松山保护区近期考察结果相似。其中，乌梢蛇和中介蝮是松山保护区科考记录中没有的，是这一地区的首次发现。石龙子科动物多生活于潮湿、温暖环境，本次调查中没有记录到石龙子科的动物，而蛇类中本次调查没有记录到的物种为赤链蛇、红点锦蛇、棕黑锦蛇、团花锦蛇、双斑锦蛇，多为喜温湿环境的物种，这些在一定程度上也反映了大海陀自然保护区平均海拔较高、北坡、干燥、极端气温低、物候较晚的地理和气候特点。

4.5 鱼 类

大海陀自然保护区调查到的鱼类有 1 目 2 科 10 种(表 4-13)。保护区内的水域主要为位于大海陀保护站所在山谷的溪流和龙潭沟内的溪流。龙潭沟沟口处建有一小型水库截断溪流。两条溪流在流出保护区后完全渗入地下，偶有雨水多的年份溪流会延河道继续向下游流淌。调查中在大海陀和龙潭沟的溪流和水库分别布放 4 个地龙，捕捉小型鱼

表 4-13 大海陀自然保护区鱼类数量和分布

目	科	种	数量	采集地点
鲤形目 Cypriniformes	鲤科 Cyprinidae	鲤 *Cyprinus carpio*	1	龙潭沟水库
		鲫 *Carassius auratus*	2	龙潭沟水库
		棒花鱼 *Abbottina rivularis*	5	大海陀溪流
		草鱼 *Ctenopharyngodon idellus*	—	龙潭沟水库
		洛氏鲅 *Phoxinus lagowskii*	713	大海陀溪流、龙潭沟
		鲢 *Hypophthalmichthysmolitrix*	3	龙潭沟水库
		鳙 *Aristichthys nobilis*	—	龙潭沟水库
	鳅科 Cobitidae	北方条鳅 *Nemachilus nudus*	20	大海陀溪流、龙潭沟
		北方花鳅 *Cobitis granoci*	9	大海陀溪流、龙潭沟
		泥鳅 *Misgurnus anguillicaudatus*	1	龙潭沟水库

注：此次调查没有捕获到草鱼和鳙，但周边老百姓称在保护区水域存在这两个种类。

类；龙潭沟水库内通过张网捕获体型较大的鱼类。鲤、鲫、草鱼、鲢皆捕获于水库，为水库的早期承包人投放。泥鳅仅在水库中捕获，可能为随其他人工饲养鱼类同时放入。洛氏鲅、棒花鱼和其他鳅类为原生鱼类，其中洛氏鲅数量最多，占捕获鱼类的绝大多数，鳅类数量较少，棒花鱼仅在大海陀保护站所在山谷溪流捕获，数量很少。

4.6　动物资源价值与保护管理

大海陀自然保护区内鸟类资源十分丰富，它们维持保护区内生态系统平衡，其价值不可忽视。近年来，观鸟旅游逐渐在一些地区兴起，保护区内的鸟类资源在将来也可以发挥吸引游客的作用。如果加以引导，可以为保护区带来可观的经济价值并起到良好的宣传、教育作用。保护区兽类资源中，狗獾、猪獾、豹猫数量较多，其在生态系统中作用重要。

石头堡保护站管辖的山地野生动物种类和数量较多，人员活动较少，应加强保护、重点管理。在不影响动物正常栖息的情况下，采用科学合理的管理方法适当发展观鸟旅游。大海陀管理站由于紧邻公路，管护难度较大；由于居民收入来源较少，种植和放牧仍是当地群众的重要收入来源。应在现有条件下，适当加以引导，发展旅游接待，使当地居民在生态旅游中获益，以减少对当地环境的压力。

充分发挥自然保护区的教育功能，科学地、有计划地开展特色旅游和保护宣传，提高当地群众的保护意识，使社区宣传、生态保护和旅游活动相互促进。以资源促进旅游，以旅游带动群众保护意识的提高，以良好的社区保护文化促进资源保护。同时还应提供可供操作的致富途径，解决社区居民经济发展需求，合理分配生态旅游利益。

建议每年对保护区内野生动物进行监测，掌握野生动物资源动态，及时调整管理计划，并及时调整保护区内旅游内容，使动物监测促进保护区科学动态管理。这项工作需要保护区管理处与科研院所相互配合、共同完成。

生态旅游是融自然知识、社区文化和景观资源为一体的高端旅游，保护区应对试验区提炼有观赏价值的特色旅游项目加以宣传。对于旅游过程的设计，应考虑到既满足游客观赏自然风光和野生动物的热情，又不干扰动物正常栖息。严格控制游客数量，将游客对保护区的干扰控制在自然环境可以容纳、野生动物可以容忍的范围内，并使旅游收益最大化。避免因过度旅游造成野生动物资源的丧失。

参考文献

[1]郑作新．中国鸟类系统检索(第3版)[M]．北京：科学出版社，2002.
[2]汪松．中国濒危动物红皮书·兽类[M]．北京：科学出版社，1998.
[3]马敬能，菲利普斯，何芬奇．中国鸟类野外手册[M]．长沙：湖南教育出版社，2000.
[4]蔡其侃．北京鸟类志[M]．北京：北京出版社，1987.
[5]王鸿媛．北京鱼类和两栖、爬行动物志[M]．北京：北京出版社，1993.
[6]陈卫，高武，傅必谦，等．北京兽类志[M]．北京：北京出版社，2002.
[7]高武，陈卫，傅必谦，等．北京脊椎动物检索表[M]．北京：北京出版社，1994.
[8]杜连海，王小平，陈峻崎，等．北京松山自然保护区综合科学考察报告[M]．北京：中国林业出版社，2012.

[9]郑光美．鸟类学[M]．北京：北京师范大学出版社，1995.
[10]郑光美，中国濒危动物红皮书·鸟类[M]．北京：科学出版社，1998.
[11]中国野生动物保护协会．中国爬行动物图鉴[M]．郑州：河南科学技术出版社，2002.
[12]中国科学院《中国自然地理》编辑委员会，中国自然地理(动物地理)[M]．北京：科学出版社，1979.
[13]孙儒泳．动物生态学原理[M]．北京：北京师范大学出版社，2001.
[14]宋朝枢，蒋瑞海．河北大海陀自然保护区科学考察集[M]．北京：中国林业出版社，2002.

第5章　大型真菌

大型真菌又称蕈菌，是指有显著子实体的大型真菌(地下或地上)，其子实体肉眼可见，徒手可摘。据估计，全球共有真菌150万种以上，而目前仅知其中的4.6%，约7万种以上，其中大型真菌约有1万余种。据统计，中国目前已报道的大型真菌有4000多种。大型真菌的种类和数量可以指示生态系统中自然的或人类活动引起的变化，并可以在生态系统的保护、恢复或重建过程中发挥重要作用。大型真菌多样性是地球上极为重要的财富，是生物多样性家庭中不可缺少的重要一员，更是人类赖以生存和发展的重要物质基础。

大型真菌是一个具有重要经济和生态学意义的生物类群。真菌的年产量具有很强的生长季节性和年际变化性。大型真菌，如香菇 *Lentinus edodes*、木耳 *Auricularia auricula*、灵芝 *Ganoderma lucidum*、茯苓 *Poria cocos* 等，多数为食用菌，所含有的蛋白质量比一般水果蔬菜都高，既包括人体所必需的9种氨基酸，还含有多种维生素、核酸和糖类，被称之为保健食品。东汉时期的药物学专著《神农本草经》和明代李时珍的《本草纲目》中，就有茯苓、猪苓 *Polyporus umbellatus*、芝类 *Ganoderma* sp.、马勃 *Lycoperdon* sp.、雷丸 *Omphalia lapidescens*、蝉花 *Ophiocordyceps sobolifera*、银耳 *Tremella fuciformis* 的记载。

河北大海陀自然保护区虽然已经成为了国家级自然保护区，并于2002年出版了《河北大海陀自然保护区科学考察集》，但书中并没有介绍保护区内大型真菌的情况。对该保护区大型真菌物种资源的调查和生态分布的研究，可为自然保护区大型真菌的物种组成、群落结构和分布状况方面的研究打下一定基础，对菌类的合理开发利用以及发展本地区经济，保护生态环境具有重要意义。

于2012年8月、2013年7月，采用样线与样地相结合的方法对河北大海陀保护区内的大型真菌进行了调查采样，共设置样方62个，样方面积为20 m×20 m，样线17条，样线的平均长度约3~5 km，详细记录大型真菌的采集地点、数量、所在植物群落类型、攀附基质、海拔、经纬度、坡度、坡向等生态数据，并进行野外生态拍照。将采集的标本进行室内鉴定，广泛查阅分类专著、文献和彩色图谱对标本和照片中的子实体进行鉴定，并确定科、属和种名。最后根据鉴定结果对大型真菌的经济价值以及物种多样性与海拔、植物群落类型和攀附基质之间的联系进行统计分析。

5.1　大型真菌区系组成及与周边保护区的比较

5.1.1　大型真菌区系组成

在收集样本中，鉴定出大型真菌188种，隶属于26科71属(表5-1)。其中白蘑科 Tricholomataceae 最多，其属数占总属数的21.13%，种数占总种数的26.60%，远高于其他科。含大型真菌种类10种及以上的科有白蘑科(50种)、蘑菇科 Agaricaceae(16种)、牛肝菌科 Boletaceae(17种)、红菇科 Russulaceae(16种)、多孔菌科 Polyporaceae(16种)、丝膜菌科 Cortinariaceae(15种)和鬼伞科 Coprinaceae(10种),这7科共含140种,占总种数的74.47%。其他18科共含48种,占总种数的25.53%,其中白蘑科、蘑菇科、红菇科、鬼伞科等是河北省的广布种。由于受调查时间、大型真菌本身形态变化等因素的影响,此调查结果仍不能包括保护区内的全部大型真菌种类,有待以后进一步深入调查补充。

表5-1 大型真菌的组成统计

科名	属		种	
	数量	比例(%)	数量	比例(%)
白蘑科 Tricholomataceae	15	21.13	50	26.60
蜡伞科 Hygrophoraceae	2	2.82	6	3.19
蘑菇科 Agaricaceae	3	4.23	16	8.51
牛肝菌科 Boletaceae	5	7.04	17	9.04
红菇科 Russulaceae	2	2.82	16	8.51
鹅膏菌科 Amanitaceae	2	2.82	7	3.72
光柄菇科 Pluteaceae	1	1.41	2	1.06
球盖菇科 Strophariaceae	1	1.41	1	0.53
鬼伞科 Coprinaceae	4	5.63	10	5.32
丝膜菌科 Cortinariaceae	5	7.04	15	7.98
锈耳科 Crepidotaceae	1	1.41	1	0.53
粉褶菌科 Rhodophyllaceae	4	5.63	6	3.19
粪锈伞科 Bolbitiaceae	1	1.41	1	0.53
铆钉菇科 Gomphidiaceae	1	1.41	1	0.53
卷褶菌科 Paxillaceae	1	1.41	1	0.53
多孔菌科 Polyporaceae	12	16.90	16	8.51
裂褶菌科 Schizophyllaceae	1	1.41	1	0.53
鸡油菌科 Cantharellaceae	1	1.41	2	1.06
齿耳菌科 Steccherinaceae	1	1.41	1	0.53
枝瑚菌科 Ramariaceae	1	1.41	3	1.60
革菌科 Thelephoraceae	1	1.41	2	1.06
韧革菌科 Stereaceae	1	1.41	2	1.06
马勃科 Lycoperdaceae	2	2.82	8	4.26
木耳科 Auriculariales	1	1.41	1	0.53
马鞍菌科 Helvellaceae	1	1.41	1	0.53
盘菌科 Sarcosomataceae	1	1.41	1	0.53
总　计 Total	71	100	188	100

(1)白蘑科有50种,占保护区大型真菌总种数的26.60%,夏秋两季雨后,尤其在立秋前后大量地产生在草原上,形成“蘑菇圈”,每年雨量充足的8~9月为盛产期。

(2)牛肝菌科有17种,占保护区大型真菌总种数的9.04%,该科多数大型真菌可食用,子实体单生或群生于立木或倒腐木上,多发生于7~8月份。

(3)蘑菇科有 16 种，占保护区大型真菌总种数的 8.51%，该科大型真菌种类多，分布广泛，大多数可以食用。

(4)红菇科有 16 种，占保护区大型真菌总种数的 8.51%，该科真菌生在林中地上，很少生在腐木上，通常与高等植物形成菌根，有一些种可供药用，在抑制肿瘤试验方面效果明显。

(5)多孔菌科有 16 种，占保护区大型真菌总种数的 8.51%，绝大多数种类木生，少数地生，该科大型真菌如茯苓、猪苓、云芝等是常用的中草药，多发生于 6~7 月份。

5.1.2 与周边保护区的比较

在大海陀自然保护区调查中共采集鉴定出大型真菌 188 种，隶属于 26 科 71 属，以白蘑科、蘑菇科、牛肝菌科、红菇科、鬼伞科、丝膜菌科和多孔菌科的大型真菌种类及数量占优势。而与该自然保护区处于同一纬度的北京雾灵山自然保护区(40°34′~40°38′N，117°19′~117°25′E)内有大型真菌 31 科 124 种，优势科有白蘑科、红菇科、牛肝菌科、蘑菇科、多孔菌科、鬼伞科等；位置略偏北的北京喇叭沟门自然保护区(40°42′~41°04′N，116°17′~116°42′E)内有大型真菌 162 种，隶属于 75 属 35 科，优势科有多孔菌科、白蘑科、蘑菇科、红菇科、牛肝菌科、鹅膏菌科、鬼伞科等。由此可见这两个自然保护区内的大型真菌优势科的情况与大海陀自然保护区基本一致，但种数都小于大海陀自然保护区，体现了大海陀自然保护区内大型真菌种的多样性。大海陀自然保护区大型真菌科的总数低于北京喇叭沟门自然保护区和北京雾灵山自然保护区，说明大海陀自然保护区内大型真菌的种类组成较为集中，更适合某些科的大型真菌的生长。

5.2 大型真菌的分布

5.2.1 在植物群落中的分布

植物群落类型不同，其内发生的大型真菌种类也不同。在大海陀自然保护区内，山杨林、白桦林、油松林、榆树 *Ulmus pumila* 林、榛类 *Corylus* sp. 灌丛以及草坡(地)这 6 种植物群落内的大型真菌共有 147 种，占总种数的 78.19%，主要是白蘑科、红菇科、马勃科、牛肝菌科、丝膜菌科、枝瑚菌科、鬼伞科的种类(表 5-2)。林下腐殖质丰富的区域要多于腐殖质少的区域，样地编号为 20130713101 和 20130713201 的两块样地是在原始森林里设置的，这两块样地的大型真菌的种类有 17 种，相比于其他次生林中的样地而言，不仅种类多样，数量也大，这也从另一个角度说明了保护原始林的重要性。

另外，分布于草地上，尤其是有树荫遮挡的草地上，大型真菌的数量比较多，主要是蜡伞科、马勃科、蘑菇科、牛肝菌科等科的种类，在阳光照射下的草地上分布的大型真菌比较少，或几乎没有。

从各科在不同植物群落类型内的分布来看，白蘑科、红菇科、马勃科、牛肝菌科、丝膜菌科、鬼伞科、枝瑚菌科等在多种植物群落中都有分布，分布的范围比较广。

表5-2　不同植物群落类型内大型真菌的分布统计

植物群落类型	科数	属数	种数
白桦林	7	13	16
黑桦林	7	9	10
黄桦林	4	7	9
山杨林	8	13	16
油松林	8	11	15
榆树林	9	18	21
蒙古栎林	7	11	13
胡桃楸林	5	10	12
五角枫林	6	9	12
大叶白蜡林	4	4	5
山杏灌丛	4	7	10
溲疏灌丛	5	7	8
胡枝子灌丛	5	6	10
土庄绣线菊灌丛	6	13	14
榛类灌丛	11	17	20
草地	17	39	59
路边	5	5	5

注：部分大型真菌分布于两个或两个以上植物群落类型中。

5.2.2　在攀附基质上的分布

大型真菌的发生对基质水分条件的敏感性很强，它们的种类组成在不同季节、不同气候条件下可能有所不同。根据基质的不同，将大型真菌分为土生菌、木生菌和粪生菌（表5-3），其中木生菌包括着生于树干和腐木2种类型。

经统计，在大海陀自然保护区内有土生菌125种，其中外生菌根菌74种，即生于土壤中与树木形成外生菌根的真菌，占总种数的39.36%，如橙黄疣柄牛肝菌 *Leccinum aurantiacum*。据估计目前在全球范围内能够形成外生菌根的真菌约90个属，5000～6000种。以土壤和地表腐殖质为基物的种类，且不包括与树木形成外生菌根的种类，共计51种，占总数的27.13%，此类真菌主要是蜡伞科的种类，如纯白环菇 *Leucoagaricus pudicus* 等。

木生菌共计14种，占总数的7.45%。此类真菌以木材为基础，繁殖生长在立木、倒腐木及树桩上。其中以树干为基质的有3种，如松生拟层孔菌 *Fomitopsis pinicola* 等。以腐木为基质的有11种，如云芝 *Coriolus versicolor*、黄多孔菌 *Polyporus elegans* 等。

粪生菌2种，占总数的1.06%。此类真菌适于在牲畜粪上或粪肥充足的沃土上生长多见于鬼伞科的部分种，如花褶伞 *Panaeolus retirugis*。

表5-3　不同攀附基质上大型真菌的组成统计

基质	科数	属数	种数
土坡	23	54	125
树干	1	3	3
腐木	5	10	11
粪土	1	1	2
其他	14	28	47

注：部分科、属内的不同种分别着生在不同的基质上。

5.2.3 在海拔上的垂直分布

大型真菌分布除与水分、温度、湿度、土壤、地形、植被以及枯枝落叶等有密切相关外，海拔高度的变化差异，对大型真菌种类的分布影响极大。本研究以海拔每 100 m 作为统计单位，统计分析了保护区海拔 800 ~ 1999 m 之间大型真菌的分布情况(表 5-4)。结果发现在 900 ~ 1199 m 的海拔范围内有 23 科 62 属 117 种，占总数的 62.23%；此海拔范围内，森林葱郁茂密，树种组成复杂，落叶层较厚，气候温暖湿润，土层厚肥力高，丰富的植物种类可促进林中的大型真菌生长发育。在 1200 ~ 1699 m 的海拔范围内有 14 科 31 属 43 种，占总数的 22.87%；这个海拔的气候湿润度较高，水热条件明显不如 1200 m 以下，使得大型真菌的种类以及分布发生变化，如卷褶菌科等都未采集到。在 1700 m 以上的海拔范围内，仅采集到 4 科 8 属 12 种大型真菌；由于地势升高，云雾增多，相对湿度偏高，风大且气温低，地上个体较大的种类比例呈明显的下降趋势，如牛肝菌科、红菇科等科的很多种类基本消失。

大型真菌的分布与海拔有密切的关系，余琦殷等人对辽宁青龙河保护区内大型真菌的研究发现，在海拔 800 ~ 1000 m 的范围内大型真菌种类最多。本研究中发现在海拔 900 ~ 1200 m 的范围内，大型真菌的种类最多。由于辽宁青龙河保护区(40°46′~ 40°53′ N，118°51′~ 119°09′E)相对于大海陀保护区更偏北一些，其大型真菌种类分布最多的海拔段也相对较低一些，这也正说明了大型真菌分布与海拔具有密切关系的结论。

从大型真菌科的海拔分布来看，白蘑科、蜡伞科和鬼伞科的海拔分布范围比较广，900 ~ 1900 m 海拔范围内几乎均有分布；蘑菇科、牛肝菌科、红菇科、鹅膏菌科、丝膜菌科、枝瑚菌科和马勃科主要分布在 900 ~ 1600 m 海拔范围内；光柄菇科、球盖菇科、锈耳科、粉褶菌科、粪锈伞科、铆钉菇科、卷褶菌科、裂褶菌科、鸡油菌科主要分布在 900 ~ 1100 m 的海拔范围内(表 5-4)。

表 5-4　不同海拔段内大型真菌的分布统计

海拔(m)	科数	属数	种数	所包含的科
800 ~ 899	1	1	2	马勃科
900 ~ 999	17	37	55	白蘑科、多孔菌科、鹅膏菌科、鬼伞科、红菇科、鸡油菌科、卷褶菌科、蜡伞科、裂褶菌科、马勃科、铆钉菇科、蘑菇科、牛肝菌科、盘菌科、丝膜菌科、锈耳科、枝瑚菌科
1000 ~ 1099	19	39	59	白蘑科、多孔菌科、鹅膏菌科、粉褶菌科、粪锈伞科、光柄菇科、鬼伞科、红菇科、鸡油菌科、卷褶菌科、蜡伞科、离褶伞科、马勃科、蘑菇科、牛肝菌科、球盖菇科、韧革菌科、丝膜菌科、枝瑚菌科
1100 ~ 1199	13	29	54	白蘑科、多孔菌科、粉褶菌科、鬼伞科、红菇科、卷褶菌科、马勃科、蘑菇科、木耳科、牛肝菌科、韧革菌科、丝膜菌科、枝瑚菌科
1200 ~ 1299	10	20	22	白蘑科、多孔菌科、鹅膏菌科、鬼伞科、红菇科、蜡伞科、马鞍菌科、马勃科、蘑菇科、牛肝菌科
1300 ~ 1399	6	10	12	白蘑科、鹅膏菌科、革菌科、鬼伞科、红菇科、牛肝菌科

（续）

海拔(m)	科数	属数	种数	所包含的科
1400~1499	4	8	9	白蘑科、蘑菇科、丝膜菌科、枝瑚菌科
1500~1599	6	6	7	白蘑科、鬼伞科、红菇科、马勃科、牛肝菌科、丝膜菌科
1600~1699	2	2	2	鹅膏菌科、红菇科
1700~1799	0	0	0	—
1800~1899	0	0	0	—
1900~1999	4	8	12	白蘑科、蜡伞科、光柄菇科、鬼伞科

5.3 大型真菌资源类型组成

5.3.1 大型真菌资源组成统计

在鉴定出的188种大型真菌中，有食用菌95种，占总种数的50.53%。多数为优良食用菌，如浓香蘑 *Lepista gravelens*，味道鲜美。有些食用菌要慎食，如灰盖鬼伞 *Coprinus cinereus*，与酒同食会引起中毒。药用菌有49种，占总种数的26.06%。如猪苓 *Grifola umbellata*，为著名中药材，具有利尿、治水肿功效。既可食用又可药用的大型真菌有27种，占总种数的14.36%。如美味牛肝菌 *Boletus edulis* 为著名食用菌之一，且有祛风散寒、舒筋活络之效。毒菌有27种，占总种数的14.36%。如芥黄鹅膏菌 *Amanita subjunquillea*，有剧毒，短时间内能引起人的死亡。有些毒菌含有毒素，但可作为药材使用，如簇生黄韧伞 *Naematoloma fasciculare*，虽然有毒但可以抗癌。“其他”类型的大型真菌是指参考书以及资料上标注不建议食用、不宜食用或有毒、可能有毒、食毒不明、未说明等的大型真菌种类。详见表5-5。

表5-5 基于经济价值的大型真菌分类统计

类型	科数	属数	种数
食用菌	23	47	95
药用菌	13	30	49
既可食用又可药用菌	12	20	27
毒菌	9	14	27
其他	14	31	44

5.3.2 典型食用菌

(1)芳香杯伞 *Clitocybe fragrans*。子实体小。菌盖直径2.5~5 cm，初期扁平，开伞后中部有凹窝，薄，水浸状，浅黄色，湿润时边缘显出条纹。菌肉白色，很薄，气味明显香。菌褶白色至带白色，直生至延生，薄，较宽，不等长。菌柄细长，同盖色，圆柱形，光滑，长4~8 cm，粗0.4~0.8 cm，基部有细绒毛，内部空心。孢子椭圆或长椭圆形，光滑，无色，6.5~8(10.2) μm×3.5~4(5) μm。孢子印白色。无囊体。

夏末秋季在林中地上群生或往往丛生。该菌菌体较大，肉肥厚，柄粗壮，食味香甜可口，营养丰富，是一种世界性著名食用菌。据分析，100 g干品中含蛋白质20.2 g，碳水化合物64.2 g，能量1415 kJ，灰分4.0 g，Ca 23 mg，P 500 mg，Fe 50 mg，核黄素3.68 mg。该菌具有清热解烦、养血和中、追风散寒、舒筋和血、补虚提神等功效；又是妇科良药，可治妇女白带症及不孕症。

(2)粉紫香蘑 *Lepista personata*。子实体中等至较大。菌盖直径5～10(20) cm，半球形至近平展，藕粉色或淡紫粉色，较快退色至带污白色或蛋壳色，幼时边缘具絮状物。菌肉白色带紫色，较厚，具明显的淀粉气味。菌褶淡粉紫色，密，弯生，不等长。菌柄柱形，长4～7 cm，有时达15 cm，粗0.5～3 cm，菌柄紫色或淡青紫色，具纵条纹，上部色淡，具白色絮状鳞片，内实至松软，基部稍膨大。孢子印淡肉粉色。孢子无色，椭圆形，具小麻点，7.5～8.2 μm×4.2～5 μm。

夏秋季在林中地上群生或生长成一条带或蘑菇圈，尤其在内蒙古草原上可形成直径达20～40 m的蘑菇圈。该菌肉厚，具香气，味鲜美，很好吃，是一种优良食用菌。据记载，与云杉、松、栎形成外生菌根。

(3)美味牛肝菌 *Boletus edulis*。子实体中等至较大。菌盖直径4～15cm，扁半球形或稍平展，黄褐色、土褐色或赤褐色，不粘，光滑，边缘钝。菌肉白色，受伤不变色。菌管初期白色，后呈淡黄色，直生或近弯生，或在菌柄之周围凹陷，管口圆形，每毫米2～3个。菌柄长5～12cm，粗2～3cm，近圆柱形或基部稍膨大，淡褐色或淡黄褐色，内实，全部有网纹或网纹占菌柄长的2/3。孢子淡黄色，平滑，近纺锤形或长椭圆形。管侧囊体无色，棒状，顶端圆钝或稍尖细。

夏秋季于林中地上单生或散生，分布广泛，可食用。属优良野生食用菌，其菌肉厚而细软，味道鲜美。可药用，治腰腿疼痛、手足麻木、筋骨不舒、四肢抽搐。子实体的水提取物有肽类或蛋白质，对小白鼠肉瘤S-180及艾氏癌的抑制率分别为100%和90%。

5.3.3 典型药用菌

(1)猪苓 *Grifola umbellata*。菌核体呈块状或不规则形状，表面为棕黑色或黑褐色，有许多凸凹不平的瘤状突起及皱纹。内面近白色或淡黄色，干燥后变硬，整个菌核体由多数白色菌丝交织而成；菌丝中空，直径约3 mm，极细而短。子实体生于菌核上，伞形或伞状半圆形，常多数合生，半木质化，直径5～15cm或更大，表面深褐色，有细小鳞片，中部凹陷，有细纹，呈放射状，孔口微细，近圆形；担孢子广卵圆形至卵圆形。猪苓的主要成分：粗蛋白7.89%、醚溶性浸出物0.24%、粗纤维46.06%、可溶性糖分等；还含游离及结合型生物素、2-羟基-二十四烷酸、麦角甾醇、生物素、糖类、蛋白质。

猪苓在我国应用历史悠久。早在《庄子》一书中名为“豕零”；《神农本草经》列为中品。《本草经集注》记有：“枫树苓，其皮去黑作块似猪屎，故以名之。肉白而实者佳，用之削去黑皮。”《本草衍义》载：“猪苓，行水之功灵，久服必损肾气，昏人目。”《本草求真》载：“猪苓，凡四苓、五苓等方，并皆用此，性虽有类泽泻，同入膀胱肾经，解热除湿，行窍利水，然水消则脾必燥，水尽则气必走。”(常用中药材)。

(2)血红铆钉菇 *Chroogomphis rutilus*。血红铆钉菇是红蘑学名，东北地区俗称红蘑、松树伞、松蘑等。子实体一般较小，初期钟形或近圆锥形，后平展，中部凸起，浅咖啡色，光滑，湿时粘，干时有光泽。菌肉带红色，干后淡紫红色，近菌柄基部带黄色。菌褶延生，稀，青黄色变至紫褐色，不等长。菌柄长 6～10（18）cm，粗 1.5～2.5 cm，圆柱形且向下渐细，稍粘，与菌盖色相近且基部带黄色，实心，上部往往有易消失的菌环。

血红铆钉菇中含有多元醇，可医治糖尿病；血红铆钉菇内的多糖类物质还可抗肉瘤。因此，它在健胃、防病、抗癌、治糖尿病方面有辅助治疗作用，还有防止过早衰老的功效。血红铆钉菇有很好的抗核辐射作用，据俄罗斯研究发现，血红铆钉菇能在遭受过核污染的地区很好的生长，而其他生物的生存则不那么乐观。经常食用血红铆钉菇，有美颜健肤的功效。中医认为血红铆钉菇有益肠健胃、止痛理气、强身健体等功效。据化学分析，该菌蛋白质、脂肪、各种人体必需的氨基酸都很丰富，还含有丰富的维生素 B1、B2、C 及 PP。血红铆钉菇具有强身、益肠胃、止痛、理气化痰之医药功效。

（3）云芝 *Coriolus versicolor*。又名彩云革盖菌、瓦苗、彩纹云芝等。革质至半纤维质，侧生无柄，常覆瓦状叠生，往往左右相连，生于伐桩断面上或倒木上的子实体常围成莲座状。菌盖半圆形至贝壳形，（1～6）cm×（1～10）cm，厚 1～3 mm；盖面幼时白色，渐变为深色，有密生的细绒毛，长短不等，呈灰、白、褐、蓝、紫、黑等多种颜色，并构成云纹状的同心环纹；盖缘薄而锐，波状，完整，淡色。管口面初期白色，渐变为黄褐色、赤褐色至淡灰黑色；管口圆形至多角形，每毫米间 3～5 个，后期开裂，菌管单层，白色，长 1～2 mm。菌肉白色，纤维质，干后纤维质至近革质。孢子圆筒状，稍弯曲，平滑，无色，（1.5～2）μm×（2～5）μm。

子实体内含有一种抗癌物质。该菌药用，去湿、化痰、疗肺疾。对慢性支气管炎、迁延性慢性肝炎等有疗效。云芝可作为肝癌免疫治疗的药物。菌丝体提取的多糖和从发酵液中提取的多糖均具有强烈的抑癌性。对小白鼠肉瘤 S-180 和艾氏癌的抑制率分别为 80% 和 100%。

5.3.4 典型毒菌

（1）变黑蜡伞 *Hygrocybe conica*。子实体较小。受伤处易变黑色。菌盖初期圆锥形，后呈斗笠形，直径可达 2～6 cm，橙红、橙黄或鲜红色，从顶部向四面分散出许多深色条纹，边缘常开裂。菌褶浅黄色。菌肉浅黄色。菌柄长4～12 cm，粗 0.5～1.2 cm，表面带橙色并有纵条纹。内部变空心。孢子印白色。孢子光滑，稍圆形，带黄色，10～12 μm×7.5～8.7 μm。

夏秋季在针叶林或阔叶林中地上成群或分散生长。多记载有毒，中毒后潜伏期较长。发病后剧烈吐泻，类似霍乱，甚至因脱水而休克死亡。

（2）毒鹅膏菌 *Amanita phalloides*。子实体中等大小。菌盖表面光滑，边缘无条纹，菌盖在初期近卵圆形至钟形，开伞后近平展，表面灰褐绿色、烟灰褐色至暗绿灰色，往往有放射状内生条纹。菌肉白色。菌褶白色，离生，稍密，不等长。菌柄白色，细长，圆柱形，长 5～18 cm，粗 0.6～2 cm，表面光滑或稍有纤毛状鳞片及花纹，基部膨大成球形，内部松软至空心。菌托较大而厚，呈苞状，白色。菌环白色，生菌柄之上部。

夏秋季在阔叶林中地上单生或群生。该菌有剧毒，其中菌体幼小的毒性更大。该菌含有毒肽和毒伞肽两大类毒素。中毒后潜伏期长达 24 h 左右。中毒死亡率高达 50% 以上，甚至 100%。对该毒菌中毒，必须及时采取以解毒保肝为主的治疗措施。

(3)大毒滑锈伞 *Hebeloma crustuliniforme*。菌肉白色，厚。菌褶初期白色，后变土黄至褐色，密，弯生，不等长。菌柄圆柱形，近白色，长 5 ~ 10 cm，粗 0.5 ~ 2 cm，基部稍膨大，无菌环，菌柄上部有白色粉末，内部松软至空心。孢子印淡锈色。孢子椭圆形，具小麻点或近光滑，内含一油滴，10.7 ~ 12.7 μm × 5.6 ~ 7.5 μm。无褶侧囊状体。褶缘囊体圆柱形，无色，3.2 ~ 50 μm × 8 ~ 9.2 μm。

秋季在混交林地上成群生长。据记载，含有毒蝇碱及胃肠道刺激物等毒素。中毒后主要产生胃肠炎等症状。食后约半小时发病，处于沉睡，随后因腹痛、腹泻而苏醒，一两天内恢复正常。

参考文献

[1] 林晓民，李振岐，侯军，等．大型真菌的生态类型[J]．西北农林科技大学学报：自然科学版，2005，33(2)：89 – 94.

[2] 邵世光，林祥田．云台山区大型真菌的初步研究[J]．连云港教育学院学报，1997(3)：12 – 16.

[3] 黄秀琴．真菌和人类的关系[J]．生物学通报，1988(4)：22 – 23.

[4] 张颖，许远钊，郑志兴，等．云南化佛山自然保护区大型真菌多样性及分布特征分析[J]．植物资源与环境学报，2012，21(1)：111 – 117.

[5] 梁宇，郭良栋，马克平．菌根真菌在生态系统中的作用[J]．植物生态学报，2002，26(6)：739 – 745.

[6] 王术荣．辽宁省白石砬子国家自然保护区大型真菌多样性研究[D]．长春：吉林农业大学菌物研究所，2011.

[7] 王岚，宋鼎珊，梁俊峰，等．滇西北香格里拉县大型真菌资源及其利用现状[J]．植物资源与环境学报，2006，15(3)：79 – 80.

[8] 卯晓岚．中国大型真菌资源及其评价[J]．西北植物学报，1989，9(1)：52 – 61，68.

[9] 佚名．国家级自然保护区河北大海陀[J]．河北林业，2012(10)：20.

[10] 中华人民共和国环境保护部．河北大海陀等 28 处国家级自然保护区的面积和范围[EB/OL]．(2013-07-17)[2014-04-20] http：//www.zhb.gov.cn/gkml/hbb/bh/201307/W020130722509118903322.pdf.

[11] 宋朝枢，蒋瑞海．河北大海陀自然保护区科学考察集[M]．北京：中国林业出版社，2002.

[12] 范学增．海陀风光美[J]．河北林业，2002(4)：39.

[13] 王立安，通占元．河北省野生大型真菌原色图鉴[M]．北京：科学出版社，2011.

[14] 饶俊，李玉．大型真菌的野外调查方法[J]．生物学通报，2012，47(5)：2 – 6.

[15] 柯丽霞，杨超．安徽清凉峰自然保护区大型真菌的生态分布[J]．应用生态学报，2003，14(10)：1739 – 1742.

[16] 宋刚，孙丽华，王黎元．贺兰山大型真菌图鉴[M]．北京：阳光出版社，2011.

[17] 邢来君，李明春，魏东盛．普通真菌学[M]，北京：高等教育出版社，2010.

[18] 吴兴亮，连宾，邹芳伦，等．贵州大沙河自然保护区大型真菌生态特征[J]．贵州科学，2005，23(1)：1 – 12.

[19] 毕湘虹，魏霞，邓勋．黑龙江省天然红松林大型真菌的生态分布与资源评价[J]．林业科技，2006，31(5)：26 – 30.

[20] 张功，峥嵘，巴图，等．贺兰山大型真菌资源调查记述[J]．内蒙古师范大学学报：自然科学版，2000，29(4)：292 – 296.

[21] 龙章富，唐利民．四川广元地区野生大型真菌的分类研究及其新记录种[J]．西南农业学报，1998，

11(2)：99－106.
[22]卯晓岚．我国食菌资源及其分类[J]．食用菌，1981(3)：1－4.
[23]黄年来．中国大型真菌原色图鉴[M]．北京：中国农业出版社，1998.
[24]卯晓岚．中国大型真菌[M]．郑州：河南科学技术出版社，2000.
[25]图力古尔，李玉．大青沟自然保护区大型真菌区系多样性的研究[J]．生物多样性，2000，8(1)：73－80.
[26]李晓平，王立君，魏力，等．呼中自然保护区大型真菌资源研究[J]．林业科技情报，2011，43(3)：12－13.
[27] Brundrett M, Bougher N, Dell B, etal. Working with Mycorrhizas in Forestry and Agriculture[M]. Canberra：ACIAR Monograph, 1996, 221－268.
[28] Michael A C, Bougher N L. Consideration of the taxonomy and biodiversity of Australia ectomycorrhizal fungi [J]. Plant and soil, 1994, 159(1)：37－46.
[29] Myra C C. Mycorrhizal fungi ofPinus radiate in New Zealand. Soil Biol [J]. Biochem, 1979, 11(6)：557－562.
[30]吴兴亮，潘玉，连宾，等．广西雅长兰花自然保护区大型真菌生态分布[J]．贵州科学，2007，25(4)：35－41.
[31]吴兴亮，李泰辉，谭伟福，等．广西十万大山国家级自然保护区大型真菌垂直分布[J]．贵州科学，2009，27(1)：22－25.
[32]邢韶华，鲍伟东，王清春，等．北京市雾灵山自然保护区综合科学考察报告[M]．北京：中国林业出版社，2013.
[33]刘晶磊，王小爽，牛洋，等．北京喇叭沟门自然保护区大型真菌多样性调研[J]．河南科技大学学报：自然科学版，2006，27(1)：54－56，4.
[34]余琦殷，于梦凡，邢韶华，等．辽宁青龙河自然保护区大型真菌种类及分布特征[J]．干旱区资源与环境，2014，28(7)：133－137.
[35]武占军，宋超，林田苗，等．河北大海陀自然保护区大型真菌资源及其生态分布[J]．中国食用菌，2017，36(4)：8－14.

第6章　旅游资源

河北大海陀自然保护区生态旅游资源丰富，集自然风光、人文景观、革命圣地为一体，可以分为绿色游、红色游和古迹游。绿色游：大海陀自然保护区分布有典型的北温带山地森林生态系统，在华北地区有很强的代表性。独特的地理位置和优越的自然条件使其成为候鸟迁徙的必经之地，野生动物的乐园；另外，大海陀自然保护区生态景观多姿多彩，山林、飞瀑、峡谷等形态各异，可为游人带来多方面的旅游体验。红色游：抗日战争时期，大海陀自然保护区位于伪华北政府、伪蒙疆政府、伪满州国三个伪政权的结合部，以其可攻可守的地理优势成为开辟平北抗日根据地的重要依托。作为平北抗日根据地的大本营，大海陀山区也是优秀的爱国主义教育基地。古迹游：海陀山不仅有王次仲化身神鸟的美丽传说，还有寺庙、塔群的古迹，以及门石寨巾帼英雄的遗址等。

参考国家标准《中国森林公园风景资源质量等级评定(GB/T 18005—1999)》、《旅游资源分类、调查与评价(GB/T 18972—2003)》和《自然保护区生态旅游规划技术规程(GB/T 20416—2006)》，对大海陀自然保护区及周边地区的生态旅游资源进行了调查和分析。

6.1　自然旅游资源

6.1.1　多姿多彩的野生动植物资源

河北大海陀自然保护区丰富的生物多样性是青少年开展夏令营和进行科普宣传教育的好基地，也是人们了解大自然和大森林，欣赏缤纷的生物多样性世界的好去处。

(1)色彩斑斓的野生菌物、植物。大海陀自然保护区森林面积广、覆盖率高，植被类型多样，为各种植物的生存提供了适宜的环境，因此成为京津冀地区天然林植被保存最好，植物种类最多的地区之一。经过初步调查，鉴定出大型真菌188种，隶属于26科71属。其中蜜环菌(俗称榛蘑)以及木耳、血红铆钉菇(俗称松蘑)为当地重要的食用菌资源；在药用真菌中，主要种类有多孔菌、毛革盖菌等。有野生维管束植物900种，隶属于109科436属，其中蕨类植物14科19属27种，裸子植物3科4属5种，被子植物92科413属868种；被子植物中双子叶植物81科332属705种，单子叶植物11科81属163种，野生维管束植物科、属、种所占全河北省科、属、种的百分比分别为63.4%、50.7%、33.3%。其中包括山杏、山桃、秋子梨、锦带花、暴马丁香、山荆子、稠李、毛丁香、拳蓼、地榆、金莲花等多种有花观赏植物，每年从4月开始，各种野生植物便开始浓妆淡抹、争奇斗艳。

(2)形态各异的野生脊椎动物。自然保护区内记录到陆栖脊椎动物23目61科165种，其中兽类5目12科22种，鸟类14目40科120种，爬行类2目5科10种，两栖类

1 目2 科 3 种，鱼类 1 目 2 科 10 种。记录国家Ⅰ级重点保护野生动物 2 种，为鸟类，即黑鹳、金雕。国家Ⅱ级重点保护野生动物种 18 中，其中兽类 2 种，即猞猁、斑羚；鸟类 16 种，即鸳鸯、黑鸢、秃鹫、白尾鹞、日本松雀鹰、雀鹰、苍鹰、普通鵟、红隼、红脚隼、燕隼、灰背隼、勺鸡、红角鸮、雕鸮、纵纹腹小鸮。这里成为了观鸟爱好者的乐园，经常有观鸟爱好者组团前来观鸟。

(3)婀娜多姿的昆虫资源。自然保护区内昆虫主要集中于鳞翅目、鞘翅目、双翅目、半翅目、膜翅目和直翅目。本区昆虫多为森林昆虫，农业昆虫较少。这里森林植被类型多样，生态环境复杂，为昆虫的繁衍和生存提供了理想场所。翩翩起舞的蛱蝶，色彩斑斓的桔黄凤蝶，身宽体长的樗蚕，以及大如小鸟的黑凤蝶，为这里的自然景观平添一丝动感和生机。

6.1.2　典型森林、草甸景观

自然保护区内气候垂直带谱明显，植被的垂直带谱也比较完整，从山顶到山麓依次为亚高山草甸、针叶林、针阔叶混交林和落叶阔叶林。亚高山草甸分布于海拔 2000 m 以上，主要由多年生杂草构成，包括薹草属、野罂粟、早熟禾属、风毛菊属、马先蒿属、银莲花属、金莲花属、梅花草属等。针叶林分布于海拔 1800～2000 m 地带，主要树种为华北落叶松。针阔混交林分布于海拔 1500～1800 m，主要由华北落叶松、白桦、红桦、棘皮桦构成等。落叶阔叶林分布于海拔 1000～1500 m，在海拔 1400～1500 m 地带发育良好，主要由白桦林、山杨林构成，以及少量蒙古栎林、油松林。在 1000 m 以下沟谷地带，还分布有较大面积的榆树林。

(1)高山草甸群落。大海陀自然保护区亚高山草甸处于海拔 2000 m 以上的平缓顶部和山坡，这里积温不高，蒸发较弱，相对湿度较大，草甸型土壤经常处于湿润状态，主要有披针叶薹草 + 珠芽蓼草甸、披针叶薹草 + 地榆草甸、紫苞风毛菊杂类草草甸、白莲蒿杂类草草甸等多种草甸类型，每年 6～7 月份，这里变成了典型的“五花草甸”。

(2)华北落叶松林。华北落叶松是河北、山西、内蒙古一带的特有树种，成规模的原始森林、次森林并不多。保护区东侧的九骨咀有约 20 hm^2 的原始华北落叶松次生林，分布集中，植株茂密，笔直挺拔，多数高达 20～30 m，是华北地区罕见的天然华北落叶松古树群落。

(3)白桦林。白桦林是自然保护区的主要树种之一，分布广泛，随处可见。白桦林外貌整齐而茂密，树冠呈灰绿色，常露出银白色通直的树干。在在保护区更多的是白桦与棘皮桦、红桦、蒙古栎、山杨、色木槭、蒙椴等混生，构成混交林。分布于主峰附近的白桦林，面积较大，林相整齐，纯度较高，树干通直，林间空旷，是进行休闲、疗养、摄影的适宜地点。

(4)天然榆树林。保护区内大海陀村及打草沟湿地旁，生长着大片的天然榆树林，高度都在 18 m 左右。林相完好，错落有序，是目前林区内集中成片、生长较好的榆树天然林群落，林下有溪流通过，这里也是开展野外宿营、休憩的适宜地段。

6.1.3　地质地貌旅游资源

海陀山形成于中生代燕山运动时期，山脉呈西南—东北走向，成为北京与河北的自然分界，海拔 870～2241 m，主峰大海陀山海拔 2241 m，为京北第一高峰。此外，还有小海陀、三海陀等较高山峰 5 座，区内较大的沟有大东沟、大西沟、打草沟、大对角沟、长椿沟、黑龙潭沟、大南沟、水洞子沟等 8 条。

(1)海陀山主峰。海陀山顶是一个长近 10 km，宽 500 m，最窄处不过百米的草甸平缓山顶。主峰大海陀位于东经 115°49′14″，北纬 40°34′29″；小海陀在大海陀南侧，海拔 2198 m；三海陀在小海陀南侧，海拔 1854 m。海陀山群山起伏，林荫茂密，远山绿，近坡翠，百鸟朝凤，浓淡交错，色彩斑斓，景色迷人，是野外宿营，观日出、云海的佳地。

(2)烟熏嵯。烟熏嵯位于龙潭沟的悬崖峭壁上，远望有一片天然的酷似烟火熏燎的痕迹，传说当年康熙到此私访，在深山老林中迷了路，危难时分，遇到黑龙王指点，这是他们下棋时秉烛照明，烛烟所熏的痕迹。

(3)九骨咀。保护区内石头堡村附近，沿黑龙潭登山而上，沿途森林景观较为原始，最终可达一个顶峰——九骨咀，这里有约 20 hm^2的原始华北落叶松次生林。

6.1.4 水文旅游资源

(1)娘娘泉。娘娘泉位于大海陀山入口二里半保护站东侧的山崖下，传说是水母娘娘的乳汁所变。水质优良，甘甜清冽，四季长流。据化验，内含对人体有益的多种微量元素。

(2)溪流湿地景观。在自然保护区的打草沟道路西侧形成了一条小溪，溪水旁湿生植物生长茂盛，营造出一派湿地景观，同时这一区域生长有大片的榆树林。

另外，从石头堡村水库沿路上山，路旁水声叮咚，于视野开阔处经常可见泉水跌落而下，令人倍感舒畅。

(3)水库景观。水库位于自然保护区内的石头堡村村南，周围森林茂密，群山环绕，水中绿树倒影，构成一幅美丽的山水画。

(4)黑龙潭瀑布。黑龙潭位于海陀山东侧，潭水顺山势而下，于山势陡峭的潭池处形成飞瀑，潭水从缺口溢出，流向下一个山坎，岩壁跌宕，飞瀑重现，最终形成黑龙潭三叠飞瀑。

6.1.5 天文气象旅游资源

(1)雪景/雨景。海陀山每年 10 月至次年 6 月，因山前盆地潮湿空气被抬升，山顶气压、气温均低，清晨山顶常出现银白色“雪帽”现象，在赤城、延庆、怀柔地区均可远眺“海陀戴雪”奇观。夏季时有骤雨如飞，古称“海陀飞雨”，也是重要景观之一。

保护区峡谷幽深，纵横交错，独特的地形和湿润的气候造就了绮丽壮观的云雾景观。每到晨昏之时，站在高山之上，四周竟是茫茫雾海，极目远眺，众山好似海中仙岛，若隐若现。风平浪静时，云海一铺万顷，波平如镜；风乍起时，波涛滚滚，奔涌如潮，似千军万马席卷群峰，一派壮观场面，令人陶醉。

(2)朝晖/夕阳。保护区山势高峻，云海常铺，是游人观日出的绝好地方。站在山顶遥望东方，天空像抹上几笔白色的油彩，继而远处山后天边渐红，曙光初露，丹霞辉映；渐渐烟云悄悄隐退，山形树影时隐时现，不经意间，山之巅天之边已是火红一片，彩霞万象。

这里也是欣赏夕阳的好地方。当晚霞消退之后，天地间变成了银灰色。乳白的炊烟和灰色的暮霭交融在一起，像是给山体都罩了一层薄薄的玻璃纸，使它们变得若隐若现，飘飘荡荡，很有几分奇妙的气氛。

6.2　人文旅游资源

6.2.1　历史古迹

(1)长椿沟庙塔群。长椿沟分南长椿沟和北长椿沟两条沟。北长椿沟有宝山寺，南长椿沟有胜海寺，皆始建于明正德年间，直到清末香火未断。如今殿宇已毁，墓塔、碑刻、古松还在。现存的 8 座墓塔基本完好，可谓山中藏秀，塞外含珠。

(2)黑龙潭庙。位于黑龙潭池外不远的北山脚下，这里古木参天，花草芬芳，清静幽雅。每逢农历五月十三为龙王祭祀之日，周围各村百姓都来拜神祈雨，还愿谢恩。1941 年 5 月，该庙宇被日军烧毁。现已重修，取名龙王庙。

(3)石门寨。“大海陀”纪念石以东的山顶上，建有石门寨。背靠群山，面向大道，居高临下，目击四方。相传，寨主为一位有勇有谋、文武双全的巾帼英雄，劫富济贫，称雄一方，深得百姓的爱戴。如今山寨的原貌难以看到，但石寨墙和嵯顶上的台基及柱础、石孔留存了下来，可供后人想象。

(4)浑元洞。位于石头堡东山之巅，洞深 2.5 m，宽 1.8 m，高 2 m。据传，洞内曾依山凿剔出石佛一尊，佛像神态肃穆，若有所思。明清之际香客如云，佛道昌盛。如今洞外古建已荡然无存，石洞犹在。洞内留存的那个方形石座仿佛在等待着佛主的归来。

6.2.2　军事文化

平北抗日根据地纪念地是为纪念以海陀山区为中心的平北抗日根据地而建的，1989 年，聂荣臻题“平北抗日根据地纪念地”，段苏权题“大海陀”镌刻于大海陀村东天然巨石上，被赤城县列为爱国主义教育基地。1993 年 7 月，被河北省人民政府公布为省级文物保护单位。平北抗日根据地纪念地是晋察冀边区的一个重要组成部分。

(1)蔡平洞。这是龙延怀联合县县长蔡平抗日时期的办公之地，1941 ~ 1943 年，蔡县长经常在山洞里睡石板炕，在膝盖上写讲话材料，开会布置工作，一切亲力亲为。

蔡县长在开辟平北抗日根据地的战斗中，树立了不朽的业绩，在平北人民心中也享有很高的威望。蔡县长对游击战术的掌握和运用非常娴熟、巧妙，经常使用声东击西、调虎离山、将计就计等战术。其中，奇袭双树子、奇迹敌岗楼皆为以少胜多、以弱胜强的成功范例。

(2)战地医院旧址。海陀山北麓龙潭沟内，原有龙潭庙，抗日战争时期，蔡平同志带领 30 多名伤员来到黑龙潭庙隐蔽治疗，后来八路军修械所、被服所也都设于此地，因此，黑龙潭庙成为夺取抗日战争胜利的大本营。

(3)平北抗日根据地纪念馆。抗日战争时期，聂荣臻创建了敌后第一个抗日根据地——晋察冀抗日根据地。1945 年，聂司令员在张家口指挥了许多重大战役。次年，为粉碎国民党反动派的进攻，他果断决定向大海陀等山区转移。1989 年，聂帅亲笔题写了“平北抗日战争烈士纪念碑”，同时为平北抗日指挥中心海陀山题写的“平北抗日根据地纪念地”，镌刻在大海陀村东的巨石上。

大海陀村入口处、大海陀二里半保护站对面，为了纪念抗日战争时期的革命烈士及人民群众，于 2011 年 4 月动工兴建，2012 年 9 月告竣，历时一年零五个月，修建了平北抗日根据地纪念馆，是大海陀自然保护区的爱国主义教育基地。纪念馆为局部二层框架结构，陈列展以民族魂、廉政脉为主线。一楼为抗战史实陈列展，布展面积 1400 m^2，由序厅、驱寇安边血洒长城、“四纵”东进唤起民众、开辟平北伫马海陀、日军暴行惨绝人寰、军民并肩浴血抗战、战略反攻收复张垣、坚持热察挺进全国和为国捐躯的民族英雄、从海陀山走出的开国将军等 10 个陈列单元组成，共展出各类枪支、发报机、军刺、生活用品等红色文物 500 余件、图板 700 余幅。二楼则为廉政教育陈列展，展厅由光辉历程、凛然正气、惩腐治贪、拒腐防变、赤城清风 5 部分组成。

参考文献

[1]刘鹏．河北大海陀国家级自然保护区生态旅游开发研究[D]．石家庄：河北师范大学，2009.
[2]宋朝枢，蒋瑞海．河北大海陀自然保护区科学考察集[M]．北京：中国林业出版社，2002.
[3]蒋瑞海，王国荣．海陀大观[M]．河北：河北科学技术出版社，2006.

第7章　自然保护区建设与管理

7.1　自然保护区及管理机构的发展历史

河北大海陀自然保护区处于燕山山地，自古以来以森林茂密而著称，但自从日本侵略中国后，遭日军烧山破坏，逐渐演化成以杨桦林为主的天然次生林区。新中国成立后，1952年始在此建立林场，称大海陀林管会。1954年改为大海陀森林经营所；1958年改称大海陀林场；1979年为坝下林管局所辖；1981～1999年划归赤城县管辖，为正科级单位，实行企业管理。全场土地面积4249 hm^2，主要是山地，其中林业用地4120 hm^2，占地面积的97%。

1999年7月，经河北省人民政府批准成立了大海陀省级自然保护区。2001年自然保护区将隶属于大海陀乡的大海陀、姜庄子、阎家坪等村一并划入自然保护区范围内，隶属大海陀自然保护区管辖，并成立了河北大海陀自然保护区管理处。2003年6月，大海陀自然保护区通过专家评审、验收，经国务院办公厅批准正式晋升为大海陀国家级自然保护区，管理机构更名为河北省大海陀国家级自然保护区管理处。大海陀自然保护区属于森林生态系统和野生动植物类型自然保护区，总面积11224.9 hm^2。保护区南与北京市延庆区为邻，并以海陀山山脊线为界与北京松山国家级自然保护区相接。

2011年12月，国办函〔2011〕156号文件，发布关于河北大海陀等3处国家级自然保护区进行范围调整的通知，批准其进行了功能区调整。2013年7月，环保部正式发函（环函〔2013〕161号）公布调整后的河北大海陀国家级自然保护区范围，在东经115°42′57″～115°57′，北纬40°32′14″～40°41′40″之间，总面积12634 hm^2，其中核心区面积4248 hm^2，占保护区总面积的33.62%；缓冲区面积3590 hm^2，占保护区总面积的28.42%；实验区面积4796 hm^2，占保护区总面积的37.96%（图7-1）。

7.2　管理机构及人员现状

河北省大海陀国家级自然保护区管理处机构规格为正处级事业单位，编制49人，其中处级职数3名(1正2副)，内设7个机构，即：办公室、计划财务科、发展经营科、资源管理科、环境监测科5个正科级科室及大海陀管理站、石头堡管理站2个副科级管理站，科级职数12名(5正7副)。

自然保护区管理处现有工作人员共65人，包括管理干部13人，技术干部7人。

其中，管理处有工作人员30人，大海陀管理站有17人，石头堡管理站有18人。

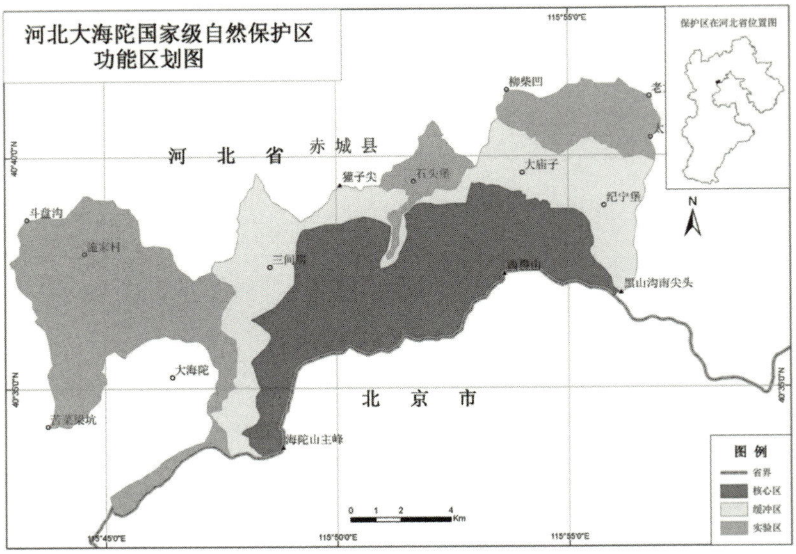

图 7-1　自然保护区功能区划图

参考文献：

[1]刘鹏．河北大海陀国家级自然保护区生态旅游开发研究[D]．石家庄：河北师范大学，2009.
[2]宋朝枢，蒋瑞海．河北大海陀自然保护区科学考察集[M]．北京：中国林业出版社，2002.
[3]佚名．国家级自然保护区河北大海陀[J]．河北林业，2012(10)：20－21.

第 8 章 自然保护区及周边社区经济

8.1 自然保护区内社会经济状况

8.1.1 行政区域范围及保护区功能区划

大海陀自然保护区位于河北省赤城县境内。行政区划涉及赤城县雕鹗镇和大海陀乡两个行政乡镇。其中雕鹗镇包括三间房、石头堡、大庙子、纪宁堡四个行政村；大海陀乡包括大海陀村、施家村、姜庄子村和阎家坪村四个行政村。自然保护区总面积 12634 hm^2，其中核心区 4248 hm^2，占总面积的 33. 62%；缓冲区 3590 hm^2，占总面积的 28. 42%；实验区 4796 hm^2，占总面的 37. 96%。

自然保护区内核心区和缓冲区内全部为国有林，实验区内各村有林地面积6232. 75 hm^2。保护区内国有林场的总面积约 4248. 73 hm^2，占自然保护区总面积的 33. 63%。

8.1.2 土地资源及利用结构

自然保护区总面积 12634 hm^2，林地面积 12066. 97 hm^2，占总面积的 95. 5%；非林地 566. 97 hm^2，占总面积的 4. 5%。林业用地中有林地面积 10260. 85 hm^2，占保护区林业用地总面积的 85. 0%。其他各类林业用地面积 1806. 12 hm^2，占 15. 0%，其中灌木林地 1081. 76 hm^2、疏林地 6. 2 hm^2、未成林地 43. 87 hm^2 及宜林荒山 661. 32 hm^2，见表 8-1。

自然保护区土地和森林资源由国有和集体两部分构成，且保护区四至地界清楚，资源权属落实，法律地位明确，并无纠纷。

表 8-1 大海陀自然保护区土地资源及利用结构现状统计表 单位：hm^2

名称			大海陀保护区	大海陀管理站	石头堡管理站
总控面积			12634	4635. 8	7998. 2
林业用地	合计		12066. 97	4547. 75	7519. 22
	有林地	小计	10260. 85	3804. 83	6456. 02
		阔叶林	9836. 3	3525. 57	6310. 73
		针叶林	248. 42	241. 8	6. 62
		针阔混	176. 13	37. 46	138. 67

（续）

名称		大海陀保护区	大海陀管理站	石头堡管理站
林业用地	灌木林地	1081.76	409.43	672.33
	疏林地	6.2	6.2	
	未成林地	43.87		43.87
	宜林荒山	661.32	314.32	347
	其他	12.97	12.97	
非林业用地	小计	566.97	141.25	425.72
	农业用地	319.92	79.84	240.08
	未利用地	43.45	10.12	33.33
	其他	203.6	51.29	152.31
森林覆盖率		81%		

8.1.3 人口数量与民族组成

自然保护区内有8个行政村，总户数708户，人口1771人，全部分布在实验区。人口趋于老龄化和幼龄化。保护区内的中青年以及壮年人都外出打工。区内主要是汉族，也有少数满族。根据抽样调查统计，区内居民受教育状况为：60岁以上居民主要是小学学历；16～60岁中初中学历占60%，小学学历占40%；16岁以下，初中占10%，小学占40%，学龄前儿童占50%。

8.1.4 经济状况

对自然保护区内及周边地区的石头堡、三间房、姜庄子、施家村、阎家坪和大海陀村6个村庄进行了入户抽样调查，其中石头堡、三间房2个村庄位于自然保护区内，另外4个村子位于自然保护区外。调查问卷统计结果显示，社区居民人均年收入在2000元以下及2000～3500元的分别占53.2%、29.8%，只有少部分人的收入在3500元以上。需要说明的是，姜庄子、施家村、阎家坪和大海陀村4个村庄位于自然保护区外，均有超过50%的居民人均年收入在2000元以上，其中大海陀村经济情况最佳，该村有61.1%的居民人均年收入在2000元以上，且收入在3500元以上的达27.8%。而位于保护区内的石头堡、三间房2个村子经济状况明显不佳，分别只有25%和33.3%的居民人均年收入达2000元以上，并且在三间房，仅有8.3%的居民收入在3500元以上，而石头堡没有居民的收入达到3500元以上。

被调查居民的家庭主要经济来源是农业生产（种植谷子、马铃薯、玉米等）和牧业生产（养羊、牛、家禽等），部分家庭种植果树（杏树），家中青壮年多外出打工，村民参与护林防火工作也获得了一定收入。由于交通不便利，种植的粮食作物及养殖的牲畜不便交易，村民主要用于自食，处于自产自销的自然经济状态，大部分受访居民表示仍需购买必要的食品。

在能源方面，55%的社区居民家庭使用薪柴，25%使用液化气，14%的居民使用电和煤炭，少量的家庭使用秸秆(用以辅助烧柴)，沼气这一环保燃料在当地未得到广泛应用。由于家庭经济收入水平低，交通落后，再加上煤炭价格昂贵，村民们大多不愿意花钱购买煤炭来做饭、取暖，而是利用森林资源。由此可以看出，社区居民家庭生计很大程度上依赖于自然保护区的森林资源，自然保护区管理部门采取的保护措施必然会影响到社区居民的生产、生活方式，并在资源利用上有直接的冲突。

8.1.5　交通通讯

大海陀自然保护区位于赤城县西南部，自然保护区管理处位于赤城县县城内，二里半保护站和石头堡保护站分别距县城约50 km和约40 km，路况较好，交通通畅。在自然保护区内，有县级公路一条，长度约8 km，位于自然保护区西部的实验区，连接赤城县县城和北京松山自然保护区。另有三条乡级道路，是由自然保护区外分别前往自然保护区内三间房村、石头堡村和纪宁堡村的道路，这些道路在自然保护区内的长度分别约3 km、4 km和8 km。

无线移动通讯网络已覆盖自然保护区的大部分区域，加上增设的无线程控电话，日常通讯基本畅通。

8.2　赤城县社会经济基本情况

8.2.1　社会经济概况

全县总面积5287 km^2，辖9个镇、9个乡、440个行政村、1318个自然村。

赤城农业、畜牧业和林业资源比较丰富。主要农作物有玉米、谷子、莜麦、马铃薯，经济作物有蔬菜、胡麻、杂粮杂豆等，畜产品主要有牛肉、羊肉、特禽、山羊绒，主要林果产品有苦杏仁、大杏扁等。还有蕨菜、榛子、黄花及野生中草药等土特产品。

全县的土地面积793.1万亩。农用地面积为593.22万亩，占土地总面积的74.8%，其中包括耕地76.1万亩、园地1.96万亩、林地254.74万亩、牧草地238.1万亩、其他农用地22.01万亩。

据统计，2016年全县地区生产总值实现72.6亿元，其中第一产业实现增加值24.1亿元，第二产业实现增加值28.7亿元，第三产业实现增加值19.8亿元。全年全社会固定资产投资完成110.2亿元。全县全部财政收入5.2亿元，全部财政收入占GDP比重7.1%。县级一般预算收入3.5亿元。城镇居民人均可支配收入25002元，城镇居民消费支出15180元；农村居民人均可支配收入8673元，农民人均消费支出5857元。

8.2.2　人口数量与民族组成

截至2016年年末，全县户籍人口29.9万人，常住人口25.1万人，其中城镇常住人口9.9万人。

居民以汉族为主，并有数量很少的满族、蒙古族、回族等少数民族。大海陀自然保护区隶属于赤城县管辖，自然保护区内包含大海陀乡、雕鹗镇等乡镇所辖的 8 个自然村，常住人口 1771 人，以汉族人口居多，其中大部分属于农业人口，人口密度 14.02 人/km^2。

8.2.3 交通电力通讯情况

截至 2016 年年末，全县公路共计 1661.4 km，路网密度为 31 km/100 km^2。按技术等级分，一级公路 4.601 km，二级公路 260.044 km，三级公路 333.529 km，四级公路 1003.809 km，其他道路 59.412 km。

电力供给环境不断优化，完成了城网、农网改造，全县 35 kV 变电站增达到 20 座，110 kV 变电站达到 2 座，实现了龙关—赤城 110 kV 站双回路。

全县 440 个行政村实现了手机信号全覆盖。实施广播电视"村村通"和网络无线覆盖工程，在全县 18 个乡镇实施 MMDS 系统数字电视工程，实现了有线电视向数字电视的整体平移，全县广播电视覆盖率达到 93%。

8.2.4 文教卫生情况

赤城县连续多年被评为市科技工作先进县，教育工作不断加强。据 2016 年统计数据，全县普通高中 1 所，年末在校学生 3390 人，专任教师 251 人；职业高中 1 所，在校学生 689 人，专任教师 72 人；初中 10 所(包括九年一贯制学校 5 所)，小学 21 所，初中在校学生 7205 人，专任教师 426 人，小学在校学生 17957 人，专任教师 1026 人；小学适龄儿童入学率为 100%；幼儿园(包括民办)21 所，在园学生 4868 人，专任教师 177 人。

卫生事业不断进步，全县卫生机构 473 个，其中村卫生室 388 个，诊所 55 个；卫生技术人员 746 人，其中，执业医师及执业助理医师 362 人；医疗卫生机构床位 903 张。形成了县、乡、村医疗服务网络，城镇居民参加医疗保险，农村居民参加"新农合"，基本上解决了看病难、看病贵问题。

参考文献

[1]武占军，李永霞，任志和，等．河北大海陀自然保护区与社区关系研究[J]．林业调查规划，2016，41(05)：91－94.

[2]赤城县国税局．赤城县国税局 2014 年工作总结[EB/OL]．(2015-01-08)[2016-11-08]．http：//www.ccx.gov.cn/article/20150108/000942647-2015-01335.html.

[3]赤城县人民政府．赤城概况[EB/OL]．[2016-11-08]．http：//www.ccx.gov.cn/syscolumn/zjcc/ccgk/index.html.

附录1 河北大海陀自然保护区野生维管束植物名录

序号	科名	属名	种名	生活型	生境	备注
1	卷柏科 Selaginellaceae	卷柏属 *Selaginella*	蔓出卷柏 *Selaginella davidii* Franch.	多年生草本	中生	
2			中华卷柏 *Selaginella sinensis*(Desv.) Spr.	多年生草本	中生	
3	木贼科 Equisetaceae	木贼属 *Equisetum*	节节草 *Equiaetum ramosissimun* Desf.	多年生草本	中生	
4			问荆 *Equiaetum arvense* L.	多年生草本	旱中生	
5	碗蕨科 Dennstaedtiaceae	碗蕨属 *Dennstaedtia*	溪洞碗蕨 *Dennstaedtia wilfordii* (Moore) Christ	多年生草本	湿中生	
6	蕨科 Pteridiaceae	蕨属 *Pteridium*	蕨 *Pteridium aquilinum* var. *latiusculum* (Desv.) Underw. ex Heller	一年生草本	中生	
7	中国蕨科 Sinopteridaceae	粉背蕨属 *Aleuritopteris*	银粉背蕨 *Aleueitopteris argentea* (Gmel.) Fe'e	一年生草本	旱生	
8	裸子蕨科 Hemionitidaceae	金毛裸蕨属 *Gymnopteris*	耳叶金毛裸蕨 *Gymnopteris bipinnata* Christ var. *auriculata* (Franch.) Ching	一年生草本	中生	
9	蹄盖蕨科 Athyriaceae	冷蕨属 *Cystopteris*	冷蕨 *Cystopteris fragilis* (L.) Bernh.	多年生草本	湿中生	资料
10		蹄盖蕨属 *Athyrium*	多齿蹄盖蕨 *Athyrium multidentatum* (Doll.) Ching	多年生草本	中生	资料
11			麦秆蹄盖蕨 *Athyriun fallaciosum* Milde.	多年生草本	中生	
12			中华蹄盖蕨 *Athyrium sinense* Rupr.	多年生草本	中生	
13		羽节蕨属 *Gymnocarpium*	羽节蕨 *Gymnocarpium disjunctum* (Rupr.) Ching	多年生草本	湿中生	资料
14	金星蕨科 Thelypteridaceae	沼泽蕨属 *Thelypteris*	沼泽蕨 *Thelypteris palustris* (Salisb.) Schott	多年生草本	湿中生	资料
15	铁角蕨科 Aspleniaceae	过山蕨属 *Camptosorus*	过山蕨 *Camptosorus sibiricus* Rupr.	多年生草本	湿中生	资料
16		铁角蕨属 *Asplenium*	北京铁角蕨 *Asplenium pekinense* Hance	多年生草本	旱中生	资料
17			华中铁角蕨 *Asplenium sarelii* Hook.	多年生草本	旱中生	资料
18	球子蕨科 Onocleaceae	荚果蕨属 *Matteuccia*	荚果蕨 *Matteuccia struthiopteris*(L.) Todaro	一年生草本	湿中生	
19	岩蕨科 Woodsiaceae	岩蕨属 *Woodsia*	耳羽岩蕨 *Woodsia polystichoides* Eaton	一年生草本	旱中生	
20			密毛岩蕨 *Woodsia rosthornii* Diels.	多年生草本	湿中生	资料
21			岩蕨 *Woodsia ilvensis* (L.) R.	多年生草本	湿中生	资料
22	鳞毛蕨科 Dryopteridaceae	耳蕨属 *Polystichum*	鞭叶耳蕨 *Polystichum craspedosorum* (Maxim.) Diels	多年生草本	湿中生	
23		鳞毛蕨属 *Dryopteris*	华北鳞毛蕨 *Dryopteria laeta* (Kom.) C. Chr.	多年生草本	中生	
24	水龙骨科 Polypodiaceae	石韦属 *Pyrrosia*	北京石韦 *Pyrrosia davidii* (Gies.) Ching.	多年生草本	中生	
25			有柄石韦 *Pyrrosia petiolosa* (Christ) Ching.	一年生草本	旱中生	
26		瓦韦属 *Lepisorus*	乌苏里瓦韦 *Lepisorus ussuriensis*(Reg. et Maack) Ching	多年生草本	旱生	
27	苹科 Marsileaceae	苹属 *Marsilea*	苹 *Marsilea quadrifolia* L.	多年生草本	水生	
28	松科 Pinaceae	落叶松属 *Larix*	华北落叶松 *Larix principis* – *rupprechil* Mayr.	乔木	湿中生	栽*
29		松属 *Pinus*	油松 *Pinus tabulaeformis* Carr.	乔木	中生	栽*

（续）

序号	科名	属名	种名	生活型	生境	备注
30	柏科 Cupressaceae	侧柏属 *Platycladus*	侧柏 *Platycladus orientalis* (Linn.) Franco	乔木	旱生	栽*
31	麻黄科 Ephedraceae	麻黄属 *Ephedra*	草麻黄 *Ephedra sinica* Stapf.	草本状灌木	旱生	资料
32			木贼麻黄 *Ephedra equisetina* Bge.	直立灌木	旱生	资料
33	金粟兰科 Chloranthaceae	金粟兰属 *Chloranthus*	银线草 *Chloranthus japonicus* Sieb.	多年生草本	湿中生	
34	杨柳科 Salicaceae	柳属 *Salix*	蒿柳 *Salix viminalis* L.	乔木	湿生	
35			黄花柳 *Salix caprea* L.	乔木	中生	
36			中国黄花柳 *Salix sinica* L. var. *sineca* Hao	乔木	中生	
37			棉花柳 *Salix linearistipularis* (Franch.) Hao	灌木或小乔木	湿中生	资料
38			沙柳 *Salix cheilophila* Schneid.	灌木或小乔木	中生	资料
39			山柳 *Salix phylicifolia* L.	灌木或小乔木	中生	
40			皂柳 *Salix wallichiana* Anders.	乔木	中生	资料
41		杨属 *Populus*	青杨 *Populus cathayana* Rehd.	乔木	中生	
42			小青杨 *Populus pseudo - simonii* Kitag.	乔木	中生	资料
43			山杨 *Populus davidiana* Dode.	乔木	中生	
44			小叶杨 *Populus simonii* Carr.	乔木	湿中生	
45	胡桃科 Juglandaceae	胡桃属 *Juglans*	胡桃楸 *Juglans mandshurica* Maxim.	乔木	中生	
46			野核桃 *Juglans cathayensis* Dode.	乔木	中生	
47	桦木科 Betulaceae	鹅耳枥属 *Carpinus*	鹅耳枥 *Carpinus turczaninowii* Hance	乔木	中生	
48		虎榛子属 *Ostryopsis*	虎榛子 *Ostryopsis davidiana* Decne.	灌木	中生	
49		桦木属 *Betula*	白桦 *Betula platyphylla* Suk.	乔木	中生	
50			黑桦 *Betula dahurica* Pall.	乔木	中生	
51			红桦 *Betula albo - sinensis* Burk.	乔木	中生	
52			坚桦 *Betula chinensis* Maxim.	小乔木	中生	资料
53			硕桦 *Betula costata* Trautv.	大乔木	中生	
54		榛属 *Betula*	毛榛 *Corylus mandshurica* Maxim	灌木	中生	
55			榛 *Corylus heterophylla* Fisch. ex Bess	灌木	旱中生	
56	壳斗科 Fagaceae	栎属 *Quercus*	槲树 *Quercus dentata* Thunb.	乔木	旱中生	
57			蒙古栎 *Quercus mongolica* Fisch. ex Turcz.	乔木	旱中生	
58			槲栎 *Quercus aliena* Bl.	乔木	中生	木材
59	榆科 Ulmaceae	刺榆属 *Hemiptelea*	刺榆 *Hemiptelea davidii* (Hance) Planch.	小乔木	中生	
60		朴属 *Celtis*	大叶朴 *Celtis koraiensis* Nakai	乔木	中生	资料
61			小叶朴 *Celtis bungeana* Bl.	乔木	中生	
62		榆属 *Ulmus*	春榆 *Ulmus japonica* (Rehd.) Sarg.	乔木	中生	
63			大果榆 *Ulmus macrocarpa* Hance.	灌木	中生	
64			黑榆 *Ulmus davidiana* Planch.	乔木	中生	资料
65			裂叶榆 *Ulmus laciniata* (Trautv.) Mayr.	乔木	湿中生	
66			脱皮榆 *Ulmus lamellosa* T. Wang et S. L. Chang	乔木	中生	资料
67			榆 *Ulmus pumila* L.	乔木	中生	栽*

（续）

序号	科名	属名	种名	生活型	生境	备注
68	桑科 Moraceae	大麻属 *Cannabis*	大麻 *Cannabis sativa* L.	一年生草本	中生	栽*
69		葎草属 *Humulus*	葎草 *Humulus scandens* (Lour.) Merr.	一年生草本	中生	
70		桑属 *Morus*	蒙桑 *Morus mongolica* (Bur.) Schneid.	灌木	旱中生	
71			山桑 *Morus mongolica* Schneid. var. *diabolica* Koidz.	灌木	中生	资料
72	荨麻科 Urticaceae	冷水花属 *Pilea*	山冷水花 *Pilea japonica* (Maxim.) Hand. -Mazz.	一年生草本	湿中生	资料
73			透茎冷水花 *Pilea mongolica* Wedd.	一年生草本	湿生	
74		荨麻属 *Urtica*	宽叶荨麻 *Urtica laetevirens* Maxim.	多年生草本	湿中生	
75			麻叶荨麻 *Urtica cannabina* L.	多年生草本	湿中生	
76			狭叶荨麻 *Urtica angustifolia* Fisch. ex Hornem.	多年生草本	湿中生	
77		墙草属 *Parietaria*	墙草 *Parietaria micrantha* Ledeb.	一年生草本	湿中生	
78		蝎子草属 *Girardinia*	蝎子草 *Girardinia cuspidata* Wedd.	一年生草本	湿中生	
79		苎麻属 *Boehmeria*	赤麻 *Boehmeria silvestris* (pamp.) W. T. Wang	多年生草本	中生	
80			细穗苎麻 *Boehmeria gracilis* C. H. Wright	多年生草本	旱中生	
81	檀香科 Santalaceae	百蕊草属 *Thesium*	百蕊草 *Thesium chinensis* Turcz.	多年生草本	旱中生	
82			反折百蕊草 *Thesium refractum* C. A. Mey.	多年生草本	旱中生	
83	桑寄生科 Loranthaceae	桑寄生属 *Loranthus*	北桑寄生 *Loranthus tanakae* Franch. et Sav .	灌木	中生	
84	马兜铃科 Aristolochiaceae	马兜铃属 *Aristolochia*	北马兜铃 *Aristolochia contorta* Bge.	多年生草本	中生	
85	蓼科 Polygonaceae	蓼属 *Polygonum*	萹蓄 *Polygonum aviculare* L.	一年生草本	中生	
86			叉分蓼 *Polygonum divaricatum* L.	多年生草本	湿中生	
87			长鬃蓼 *Polygonum longisetum* De Bruyn	一年生草本	湿生	
88			齿翅蓼 *Polygonum dentato-alatum* Fr. Schm. ex Maxim.	一年生草本	中生	
89			戟叶蓼 *Polygonum thunbergii* Sieb. et Zucc.	一年生草本	中生	
90			卷茎蓼 *Polygonum convolvulus* L.	一年生草本	湿中生	
91			尼泊尔蓼 *Polygonum nepalense* Meisn.	一年生草本	湿生	
92			拳蓼 *Polygonum bistorta* L.	多年生草本	中生	
93			酸模叶蓼 *Polygonum lapathifolium* L.	一年生草本	湿中生	
94			习见蓼 *Polygonum plebeium* R.	一年生草本	湿生	资料
95			小箭叶蓼 *Polygonum sieboldii* Meisn.	一年生草本	湿生	资料
96			支柱蓼 *Polygonum suffultum* Maxim.	多年生草本	中生	
97		荞麦属 *Fagopyrum*	荞麦 *Fagopyrum esculentum* Moench.	一年生草本	中生	
98		酸模属 *Rumex*	巴天酸模 *Rumex Patientia* L.	多年生草本	湿中生	
99			酸模 *Rumex acetosa* L.	多年生草本	中生	
100			皱叶酸模 *Rumex crispus* L.	多年生草本	湿生	
101		翼蓼属 *Pteroxygonum*	翼蓼 *Pteroxygonum giraldii* Damm. et Diels	多年生草本	湿中生	
102	藜科 Chenopodiaceae	地肤属 *Kochia*	地肤 *Kochia scoparia* (L.) Schrad.	一年生草本	中生	
103		藜属 *Chenopodium*	灰绿藜 *Chenopodium glaucum* L.	一年生草本	中生	
104			尖头叶藜 *Chenopodium acuminatum* Willd.	一年生草本	湿中生	
105			藜 *Chenopodium album* L.	一年生草本	中生	
106			小藜 *Chenopodium serotinum* L.	一年生草本	中生	

（续）

序号	科名	属名	种名	生活型	生境	备注
107	藜科 Chenopodiaceae	藜属 *Chenopodium*	杂配藜 *Chenopodium hybridum* L.	一年生草本	中生	
108		轴藜属 *Axyris*	轴藜 *Axyris amaranthoides* L.	一年生草本	中生	资料
109		猪毛菜属 *Salsola*	猪毛菜 *Salsola collina* Pall.	一年生草本	中生	
110	苋科 Amaranthaceae	苋属 *Amaranthus*	反枝苋 *Amaranthus retroflexus* L.	一年生草本	中生	
111			凹头苋 *Amaranthus lividus* L.	一年生草本	中生	
112	马齿苋科 Portulacaceae	马齿苋属 *Portulaca*	马齿苋 *Portulaca oleracea* L.	一年生草本	湿中生	
113	石竹科 Caryophyllaceae	鹅肠菜属 *Myosoton*	鹅肠菜 *Myosoton aquaticum*（L.）Moench	多年生草本	湿生	
114		繁缕属 *Stellaria*	叉歧繁缕 *Stellaria dichotoma* L.	多年生草本	中生	
115			繁缕 *Stellaria media*（L.）Cyr.	一二年生草本	中生	
116			内曲繁缕 *Stellaria infracta* Maxim.	多年生草本	旱中生	
117			沼繁缕 *Stellaria palustris* Ehrh. ex Retz.	多年生草本	中生	
118			中国繁缕 *Stellaria chinensis* Regel.	多年生草本	湿中生	
119		假繁缕属 *Pseudostellaria*	蔓假繁缕 *Pseudostellaria davidii*(Franch.)Pax	多年生草本	湿中生	
120			毛假繁缕 *Pseudostellaria japonica*（Korsh.）Pax.	多年生草本	湿中生	
121			异花假繁缕 *Pseudostellaria heterantha*（Maxim.）Pax	多年生草本	湿中生	资料
122			孩儿参 *Pseudostellaria heterophylla*（Miq.）Pax	多年生草本	湿中生	
123		剪秋罗属 *Lychnis*	大花剪秋萝 *Lychins fulgens* Fisch.	多年生草本	中生	
124			浅裂剪秋萝 *Lychnis cognata* Maxim.	多年生草本	中生	
125		卷耳属 *Cerastium*	卷耳 *Cerastium arvense* L.	多年生草本	中生	
126		石竹属 *Dianthus*	瞿麦 *Dianthus superbus* L.	多年生草本	中生	
127			石竹 *Dianthus chinensis* L.	多年生草本	中生	
128		蝇子草属 *Silene*	粗壮女娄菜 *Silene firma* Sieb. et Zucc.	一年生草本	中生	
129			旱麦瓶草 *Silene jenisseensis* Willd.	一年生草本	旱中生	
130			蔓茎蝇子草 *Silene repens* Patr.	多年生草本	中生	
131			女娄菜 *Silene aprica* Turcz. ex Fisch. et Mey.	一二年生草本	湿中生	
132			石生蝇子草 *Silene tatarinowii* Regel.	多年生草本	中生	
133		蚤缀属 *Arenaria*	灯心草蚤缀 *Arenaria juncea* Bieb.	多年生草本	中生	
134		种阜草属 *Moehringia*	种阜草 *Moehringia lateriflora*（L.）Fenzl	多年生草本	中生	
135	毛茛科 Ranunculaceae	白头翁属 *Pulsatilla*	白头翁 *Pulsatilla chinensis*（Bge.）Regel.	多年生草本	中生	
136			细叶白头翁 *Pulsatilla turczaninowii* Krylet. Serg.	多年生草本	中生	
137		翠雀属 *Delphinium*	翠雀 *Delphinium grandiflorum* L.	多年生草本	中生	
138			冀北翠雀花 *Delphinium siwanense* Franch.	多年生草本	中生	资料
139		金莲花属 *Trollius*	金莲花 *Trollius chinensis* Bge.	多年生草本	中生	
140		类叶升麻属 *Actaea*	类叶升麻 *Actaea asiatica* Hara.	多年生草本	中生	
141		耧斗菜属 *Aquilegia*	华北耧斗菜 *Aquilegia yabeana* Kitag.	多年生草本	中生	
142			耧斗菜 *Aquilegia viridiflora* Pall.	多年生草本	湿中生	
143			紫花耧斗菜 *Aquilegia viridiflora* f. *Atropurpurea*（Willd.）Kitag.	多年生草本	湿中生	
144		毛茛属 *Ranunculus*	石龙芮 *Ranunculus sceleratus* Linn.	一年生草本	湿生	
145			毛茛 *Ranunculus japonicus* Thunb.	多年生草本	湿生	

（续）

序号	科名	属名	种名	生活型	生境	备注
146	毛茛科 Ranunculaceae	芍药属 *Paeonia*	草芍药 *Paeonia obovata* Maxim.	多年生草本	中生	
147		升麻属 *Cimicifuga*	单穗升麻 *Cimicifuga simplex* Wormsk.	多年生草本	中生	
148			升麻 *Cimicifuga dahurica*（Turcz.）Maxim.	多年生草本	中生	
149		水毛茛属 *Batrachium*	长叶水毛茛 *Batrachium kauffmanii*（Clerc.）Ovcz.	沉水草本	湿生	
150			水毛茛 *Batrachium bungei*(Steud.）L. Liou	多年生草本	水生	
151		唐松草属 *Thalictrum*	瓣蕊唐松草 *Thalictrum petaloideum* L.	多年生草本	中生	
152			贝加尔唐松草 *Thalictrum baicalense* Turcz.	多年生草本	中生	
153			东亚唐松草 *Thalictrum minus* var. *hypoleucum*（Sieb. et Zucc.）Miq.	多年生草本	中生	
154			箭头唐松草 *Thalictrum simplex* L. var. *brevipes* Hara.	多年生草本	中生	
155			唐松草 *Thalictrum aquilegifolium* Linn. var. *sibiricum* Regel et Tiling	多年生草本	中生	资料
156			散花唐松草 *Thalictrum sparsiflorum* Turcz. ex Fisch. et Mey	多年生草本	中生	
157			狭裂瓣蕊唐松草 *Thalictrum petaloideum* Linn. var. *supradecompositum*（Nakai）Kitag.	多年生草本	旱生	资料
158			展枝唐松草 *Thalictrum squarrosum* steph. ex Willd.	多年生草本	中生	资料
159		铁线莲属 *Clematis*	半钟铁线莲 *Clematis ochotensis*(Pall.）Poir.	木质藤本	中生	
160			长瓣铁线莲 *Clematis macropetala* Ledeb.	木质藤本	中生	
161			大叶铁线莲 *Clematis heracleifolia* DC.	多年生草本	中生	
162			短尾铁线莲 *Clematis brevicaudata* DC.	草质藤本	中生	
163			黄花铁线莲 *Clematis intricata* Bge.	草质藤本	中生	
164			棉团铁线莲 *Clematis hexapetala* Pall.	多年生草本	旱中生	
165			芹叶铁线莲 *Clematis aethusifolia* Turcz.	草质藤本	中生	
166		乌头属 *Aconitum*	草乌 *Aconitum kusnezoffii* Reichb.	多年生草本	中生	
167			高乌头 *Aconitum sinomontanum* Nakai	多年生草本	中生	
168			两色乌头 *Aconitum alboviolaceum* Kom.	多年生草本	中生	资料
169			牛扁 *Aconitum barbatum* Pers. var. *puberulum* Ledeb.	多年生草本	中生	
170		银莲花属 *Anemone*	长毛银莲花 *Anemone narcissiflora* var. *crinita*（Juz.）Tamura	多年生草本	中生	资料
171			大花银莲花 *Anemone silvestris* L.	多年生草本	湿中生	
172			小花草玉梅 *Anemone rivularis* Buch. -Ham. ex DC. var. *flore-minore* Maxim.	多年生草本	湿中生	
173			钝裂银莲花 *Anemone geum* Lévl.	多年生草本	中生	
174			银莲花 *Anemone cathayensis* Kitag.	多年生草本	中生	
175	小檗科 Berberidaceae	类叶牡丹属 *Caulophyllum*	类叶牡丹 *Caulophyllum robustum* Maxim.	多年生草本	湿中生	资料
176		小檗属 *Berberis*	大叶小檗 *Berberis amurensis* Rupr.	灌木	中生	
177			细叶小檗 *Berberis poiretii* Schneid.	灌木	中生	
178	防已科 Menispermaceae	蝙蝠葛属 *Menispermum*	蝙蝠葛 *Menispermum dauricum* DC.	草质藤本	中生	
179	木兰科 Magnoliaceae	五味子属 *Schisandra*	五味子 *Schisandra chinensis*（Turcz.）Baill	木质藤本	中生	

（续）

序号	科名	属名	种名	生活型	生境	备注
180	罂粟科 Papaveraceae	白屈菜属 *Chelidonium*	白屈菜 *Chelidonium majus* L.	多年生草本	湿中生	
181		罂粟属 *Papaver*	野罂粟 *Papaver nudicaule* var. *chinense*（Regel）Fedde.	多年生草本	中生	
182		角茴香属 *Hypecoum*	角茴香 *Hypecoum erectum* Linn.	一年生草本	旱生	
183			节裂角茴香 *Hypecoum leptocarpum* Hook. f. et Thoms.	一年生草本	中生	
184		紫堇属 *Corydalis*	地丁草 *Corydalis bungeana* Turcz.	多年生草本	中生	
185			河北黄堇 *Corydalis pallida* var. *chanetii*	二年生草本	中生	
186			蛇果黄堇 *Corydalis ophiocarpa* Hook. f. et Thoms.	多年生草本	中生	
187			小黄紫堇 *Corydalis ochotensis* Turcz. var. *raddeana*（Regel）Nakai.	一年生草本	中生	
188			珠果黄堇 *Corydalis Speciosa* Maxim.	多年生草本	湿中生	
189	十字花科 Cruciferae	大蒜芥属 *Sisymbrium*	垂果大蒜芥 *Sisymbrium heteromallum* C. A. Mey.	一二年生草本	旱中生	
190			黄花大蒜芥 *Sisymbrium luteum*（Maxim.）O. E. Schulz.	多年生草本	中生	
191		豆瓣菜属 *Nasturtium*	豆瓣菜 *Nasturtium officinale* R.	多年生草本	水生	
192		独行菜属 *Lepidium*	独行菜 *Lepidium apetalum* Willd.	一二年生草本	中生	
193			密花独行菜 *Lepidium densiflorum* Schrad.	一二年生草本	中生	资料
194		遏蓝菜属 *Thlaspi*	遏蓝菜 *Thlaspi arvense* L.	一年生草本	中生	资料
195		蔊菜属 *Rorippa*	风花菜 *Rorippa globosa*（Turcz.）Thell.	一年生草本	湿中生	
196			沼生蔊菜 *Rorippa islandica*（Oeder）Borbas	多年生草本	湿生	
197		花旗竿属 *Dontostemon*	花旗竿 *Dontostemon dentatus*（Bge.）Ledeb.	二年生草本	中生	
198			小花花旗竿 *Dontostemon micranthus* C. A. Mey.	一二年生草本	旱中生	
199		南芥属 *Arabis*	垂果南芥 *Arabis pendula* L.	多年生草本	中生	
200			毛南芥 *Arabis hirsuta*（L.）Scop.	一年生草本	中生	
201		荠属 *Capsella*	荠菜 *Capsella bursa-pastoris*（L.）Medic.	一二年生草本	中生	
202		碎米荠属 *Cardamine*	白花碎米荠 *Cardamine leucantha*（Tausch.）O. E. Schulz.	多年生草本	湿中生	
203			裸茎碎米荠 *Cardamine scaposa* Franch.	多年生草本	湿中生	
204			紫花碎米荠 *Cardamine tangutorum* O. E. Schulz.	多年生草本	中生	
205			水田碎米荠 *Cardamine lyrata* Bge.	多年生草本	湿生	资料
206		糖芥属 *Erysimum*	糖芥 *Erysimum bungei*（Kitag.）Kitag.	多年生草本	中生	
207			小花糖芥 *Erysimum cheiranthoides* L.	一年生草本	中生	
208		葶苈属 *Draba*	葶苈 *Draba nemorosa* L.	一年生草本	中生	
209			光果葶苈 *Draba nemorosa* var. *leiocarpa* Lindl.	一年生草本	中生	资料
210		香花芥属 *Hesperis*	香花芥 *Hesperis trichosepala* Turcz.	二年生草本	中生	
211		星毛芥属 *Berteroella*	星毛芥 *Berteroella maximowiczii*（Palib.）O. E. Schulz.	一二年生草本	中生	资料
212		诸葛菜属 *Orychophragmus*	诸葛菜 *Orychophragmus violaceus*（L.）O. E. Schulz	一二年生草本	中生	
213	景天科 Crassulaceae	红景天属 *Rhodiola*	狭叶红景天 *Rhodiola kirilowii*（Regel）Regel. ex Maxim.	多年生草本	旱中生	
214			小丛红景天 *Rhodiola dumulosa*（Franch.）S. H. Fu.	多年生草本	旱中生	
215		景天属 *Sedum*	白景天 *Sedum pallescens* Freyn.	多年生草本	中生	
216			北景天 *Sedum kamtchaticum* Fisch.	多年生草本	旱中生	资料

（续）

序号	科名	属名	种名	生活型	生境	备注
217	景天科 Crassulaceae	景天属 *Sedum*	繁缕景天 *Sedum stellariaefolium* Franch.	一二年生草本	中生	
218			华北景天 *Sedum tatarinowii* Maxim.	多年生草本	中生	
219			景天三七 *Sedum aizoon* L.	多年生草本	湿中生	
220		瓦松属 *Orostachys*	钝叶瓦松 *Orostachys malacophyllus*（Pall.）Fisch.	二年生草本	旱中生	
221			瓦松 *Orostachys fimbriatus*（Turcz.）Berger	多年生草本	旱生	
222			狼爪瓦松 *Orostachys cartilogineus* A.	二、多年生草本	旱中生	资料
223	虎耳草科 Saxifragaceae	茶藨子属 *Ribes*	刺梨 *Ribes burejense* Fr. Schmidt.	灌木	湿中生	
224			东北茶藨子 *Ribes mandshuricum*（Maxim.）Kom.	灌木	湿中生	
225			小叶茶藨子 *Ribes pulchellum* Turez.	灌木	中生	
226		独根草属 *Oresitrophe*	独根草 *Oresitrophe rupifraga* Bge.	多年生草本	旱中生	
227		红升麻属 *Astilbe*	红升麻 *Astilbe chinensis*（Maxim.）Franch. et Sav.	多年生草本	湿中生	
228		虎耳草属 *Saxifraga*	球茎虎耳草 *Saxifraga sibirica* L.	多年生草本	湿中生	
229			虎耳草 *Saxifraga stolonifera* Meerb.	多年生常绿草本	中生	
230		金腰属 *Chrysosplenium*	蔓金腰 *Chrysosplenium flagelliferum* Fr. Schmidt.	多年生草本	湿生	
231			毛金腰 *Chrysosplenium pilosum* Maxim. var. *valdepilosum* Ohwi	多年生草本	湿生	
232		梅花草属 *Parnassia*	梅花草 *Parnassia palustris* L.	多年生草本	湿生	
233		山梅花属 *Philadelphus*	太平花 *Philadelphus pekinensis* Rupr.	灌木	中生	
234		溲疏属 *Deutzia*	大花溲疏 *Deutzia grandiflora* Bge.	灌木	旱中生	
235			小花溲疏 *Deutzia parviflora* Bge.	灌木	旱中生	
236		绣球属 *Hydrangea*	东陵绣球 *Hydrangea bretschneideri* Dipp.	灌木	湿中生	
237	蔷薇科 Rosaceae	地蔷薇属 *Chamaerhodos*	地蔷薇 *Chamaerhodos canescens* J. Krau.	一二年生草本	旱生	
238			直立地蔷薇 *Chamaerhodos erecta*（L.）Bge.	二年生草本	旱中生	
239		地榆属 *Sanguisorba*	地榆 *Sanguisorba officinalis* L.	多年生草本	旱中生	
240		花楸属 *Sorbus*	北京花楸 *Sorbus discolor*（Maxim.）Maxim.	乔木	中生	
241			花楸树 *Sorbus pauhuashanensis*（Hance）Hedl.	乔木	中生	
242			水榆花楸 *Sorbus alnifolia*（Sieb. et Zucc.）Koch.	乔木	中生	
243		蚊子草属 *Eilipendula*	蚊子草 *Eilipendula palmata*（Pall.）Maxim.	多年生草本	湿中生	
244		梨属 *Pyrus*	杜梨 *Pyrus betulifolia* Bge.	乔木	中生	
245			秋子梨 *Pyrus ussuriensis* Maxim.	乔木	中生	
246		稠李属 *Padus*	稠李 *Padus racemosa*（Lam.）Gilib.	乔木	湿中生	
247			毛叶稠李 *Padus racemosa*（Lam.）Gilib. var. *pubescens*（Regel & Tiling）Schneid.	乔木	中生	资料
248			欧李 *Cerasus humilis*（Bge.）Sok.	灌木	旱生	
249		桃属 *Amygdalus*	山桃 *Amygdalus davidiana*（Carrière）de Vos ex Henry	乔木	中生	
250			山杏 *Armeniaca sibirica*（L.）Lam.	灌木	旱中生	
251			榆叶梅 *Amygdalus triloba*（Lindl.）Ricker	灌木	旱中生	
252		龙牙草属 *Agrimonia*	龙牙草 *Agrimonia pilosa* Ledeb.	多年生草本	湿中生	
253		苹果属 *Malus*	山荆子 *Malus baccata*（L.）Borkh.	乔木	湿中生	
254			毛山荆子 *Malus mandshurica* Kom.	乔木	中生	
255		蔷薇属 *Rosa*	刺玫蔷薇 *Rosa dahurica* Pall.	灌木	中生	

（续）

序号	科名	属名	种名	生活型	生境	备注
256	蔷薇科 Rosaceae	蔷薇属 *Rosa*	美蔷薇 *Rosa bella* Rehd. et Wils.	灌木	中生	
257			刺蔷薇 *Rosa acicularis* Lindl.	灌木	中生	
258			黄刺玫 *Rosa xanthina* Lindl.	灌木	中生	
259		山楂属 *Crataegus*	甘肃山楂 *Crataegus kansuensis* Wils.	乔木	中生	
260			山楂 *Crataegus pinnatifida* Bge.	乔木	中生	
261		蛇莓属 *Duchesnea*	蛇莓 *Duchesnea indica*（Andr.）Focke	多年生草本	湿中生	
262		珍珠梅属 *Sorbaria*	珍珠梅 *Sorbaria kirilowii*（Regel）Maxim.	灌木	中生	
263		水杨梅属 Geum	水杨梅 *Geum aleppicum* Jacq.	多年生草本	湿中生	
264		委陵菜属 *Potentilla*	朝天委陵菜 *Potentilla supina* L.	一二年生草本	中生	
265			大萼委陵菜 *Potentilla coferta* Bge.	多年生草本	中生	
266			多茎委陵菜 *Potentilla multicaulis* Bge.	一年生草本	中生	
267			等齿委陵菜 *Potentilla simulatrix* Wolf	多年生草本	中生	资料
268			轮叶委陵菜 *Potentilla verticillaris* Steph. ex Willd.	多年生草本	旱生	
269			鹅绒委陵菜 *Potentilla anserina* L.	多年生草本	湿生	
270			二裂委陵菜 *Potentilla bifurca* L.	多年生草本	中生	
271			翻白草 *Potentilla discolor* Bge.	多年生草本	湿中生	
272			匐枝委陵菜 *Potentilla flagellaris* Willd. ex Schlecht.	多年生草本	中生	
273			金露梅 *Potentilla fruticosa* L.	灌木	中生	
274			菊叶委陵菜 *Potentilla tanacetifolia* Willd.	多年生草本	中生	资料
275			绢毛匍匐委陵菜 *Potentilla reptans* L. var. *sericophylla* Franch.	多年生草本	中生	
276			莓叶委陵菜 *Potentilla fragarioides* L.	多年生草本	湿中生	
277			三叶委陵菜 *Potentilla freyniana* Bornm.	多年生草本	湿中生	
278			钩叶委陵菜 *Potentilla ancistrifolia* Bge.	多年生草本	中生	资料
279			疏毛钩叶委陵菜 *Potentilla ancistrifolia* Bge. var. *dickinsii*（Franch. Et Sav.）Koidz.	多年生草本	中生	
280			委陵菜 *Potentilla chinensis* Ser.	多年生草本	旱中生	
281			细裂委陵菜 *Potentilla multifida* L.	多年生草本	中生	
282			腺毛委陵菜 *Potentilla longifolia* Willd. ex Schlecht.	多年生草本	旱中生	
283			银露梅 *Potentilla glabra* Lodd.	灌木	中生	
284		绣线菊属 *Spiraea*	毛花绣线菊 *Spiraea dasyantha* Bge.	灌木	旱中生	资料
285			三裂绣线菊 *Spiraea trilobata* L.	灌木	旱中生	
286			华北绣线菊 *Spiraea fritschiana* Schneid.	灌木	中生	
287			土庄绣线菊 *Spiraea pubescens* Turcz.	灌木	旱中生	
288			绣球绣线菊 *Spiraea blumei* G. Don	灌木	旱中生	资料
289		悬钩子属 *Rubus*	华北覆盆子 *Rubus idaeus* L. var. *borealisinensis* Yu et Lu	灌木	中生	
290			牛迭肚 *Rubus crataegifolius* Bge.	灌木	中生	
291			库页悬钩子 *Rubus sachalinensis* Levl.	灌木	中生	
292			石生悬钩子 *Rubus saxatilis* L.	多年生草本	中生	
293		栒子属 *Cotoneaster*	灰栒子 *Cotoneaster acutifolius* Turcz.	灌木	中生	
294			水栒子 *Cotoneaster multiflorus* Bge.	灌木	中生	

（续）

序号	科名	属名	种名	生活型	生境	备注
295	豆科 Leguminosae	扁蓿豆属 *Melissitus*	扁蓿豆 *Melissitus ruthenica*（L.）C. W. Chang	多年生草本	旱中生	
296		草木犀属 *Melilotus*	白香草木犀 *Melilotus albus* Medic. ex Desr.	一二年生草本	中生	
297			黄香草木犀 *Melilotus officinalis*（L.）Desr.	一二年生草本	中生	
298			细齿草木犀 *Melilotus dentatus*（Wald. et Kit.）Pers.	二年生草本	中生	资料
299		大豆属 *Glycine*	野大豆 *Glycine soja* Sieb. et Zucc.	一年生草本	湿生	资料
300		葛属 *Pueraria*	葛 *Pueraria lobata*（Willd.）Ohwi.	多年生藤本	中生	
301		莸子梢属 *Campylotropis*	莸子梢 *Campylotropis macrocarpa*（Bge.）Rehd.	灌木	中生	
302		胡枝子属 *Lespedeza*	白指甲花 *Lespedeza inschanica*（Maxim.）Schindl.	灌木	中生	资料
303			长叶铁扫帚 *Lespedeza caraganae* Bge.	草本状灌木	中生	
304			尖叶铁扫帚 *Lespedeza juncea* Pers.	灌木	中生	
305			达呼里胡枝子 *Lespedeza davurica*（Laxm.）Schindl.	灌木	旱中生	
306			多花胡枝子 *Lespedeza floribunda* Bge.	灌木	旱生	
307			胡枝子 *Lespedeza bicolor* Turcz.	灌木	中生	
308			山豆花 *Lespedeza tomentosa*（Thunb.）Sieb. ex Maxim.	灌木	中生	
309		槐属 *Sophora*	苦参 *Sophora flavescens* Alt.	亚灌木	中生	
310		黄耆属 *Astragalus*	扁茎黄耆 *Astragalus complanatus* R. ex Bge.	多年生草本	旱中生	
311			糙叶黄耆 *Astragalus scaberrimus* Bge.	多年生草本	旱中生	
312			草木犀状黄耆 *Astragalus melilotoides* Pall.	多年生草本	中生	
313			达乌里黄耆 *Astragalus dahuricus*（Pall.）DC.	一二年生草本	旱中生	
314			毛细柄黄耆 *Astragalus capillipes* Fisch. ex Bge.	多年生草本	旱中生	
315			灰叶黄耆 *Astragalus discolor* Bge. ex Maxim.	多年生草本	中生	
316			直立黄耆 *Astragalus adsurgens* Pall.	多年生草本	旱中生	
317		岩黄蓍属 *Hedysarum*	短翼岩黄耆 *Hedysarum brachypterum* Bge.	多年生草本	中生	资料
318		鸡眼草属 *Kummerowia*	长萼鸡眼草 *Kummerowia stipulacea*（Maxim.）Makino	一年生草本	中生	
319			鸡眼草 *Kummerowia striata*（Thunb.）Schindl.	一年生草本	中生	
320		棘豆属 *Oxytropis*	二色棘豆 *Oxytropis bicolor* Bge.	多年生草本	旱中生	
321			蓝花棘豆 *Oxytropis coerulea*（Pall.）DC. subsp. *Subfalcata*（Hance）Cheng. f. ex. H. C. Fu	多年生草本	中生	
322			硬毛棘豆 *Oxytropis hirta* Bge.	多年生草本	旱中生	
323		锦鸡儿属 *Caragana*	鬼箭锦鸡儿 *Caragana jubata*（Pall.）Poir.	灌木	中生	
324			红花锦鸡儿 *Caragana rosea* Turcz.	灌木	中生	
325			锦鸡儿 *Caragana sinica*（Buchoz.）Rehd.	丛生灌木	中生	
326			树锦鸡儿 *Caragana arborescens* Lam.	灌木	中生	
327			小叶锦鸡儿 *Caragana microphylla* Lam.	灌木	中生	
328		两型豆属 *Amphicarpaea*	三籽两型豆 *Amphicarpaea trisperma*（Miq.）Baker ex Kitag.	一年生草本	湿生	
329		米口袋属 *Gueldenstaedtia*	米口袋 *Gueldenstaedtia multiflora* Bge.	多年生草本	旱中生	
330		木蓝属 *Indigofera*	花木蓝 *Indigofera kirilowii* Maxim. ex Palibin	灌木	旱中生	
331			铁扫帚 *Indigofera bungeana* Walp.	直立灌木	中生	
332		苜蓿属 *Medicago*	天蓝苜蓿 *Medicago lupulina* L.	一二年生草本	湿生	

（续）

序号	科名	属名	种名	生活型	生境	备注
333	豆科 Leguminosae	香豌豆属 *Lathyrus*	茳芒香豌豆 *Lathyrus davidii* Hance.	多年生草本	湿中生	
334			五脉山黧豆 *Lathyrus quinquenervius*（Miq.）Litv. ex Kom. et Alis	多年生草本	中生	资料
335		野豌豆属 *Vicia*	歪头菜 *Vicia unijuga* A.	多年生草本	中生	
336			白花歪头菜 *Vicia unijuga* f. *albiflora* Kitag.	多年生草本	中生	
337			北野豌豆 *Vicia ramuliflora*（Maxim.）Ohwi.	多年生草本	中生	
338			大野豌豆 *Vicia gigantea* Bge.	多年生草本	中生	
339			广布野豌豆 *Vicia cracca* L.	多年生草本	中生	
340			假香野豌豆 *Vicia pseudo – orobus* Fisch. et Mey.	多年生草本	中生	
341			柳叶野豌豆 *Vicia venosa*（Willd.）Maxim.	多年生草本	中生	资料
342			三齿萼野豌豆 *Vicia bungei* Ohwi	一二年生攀缘草本	中生	
343			山野豌豆 *Vicia amoena* Fisch	多年生草本	湿中生	资料
344			救荒野豌豆 *Vicia sativa* Linn.	一二年生攀缘草本	中生	
345	牻牛儿苗科 Geraniaceae	老鹳草属 *Geranium*	粗根老鹳草 *Geranium dahuricum* DC.	多年生草本	中生	
346			老鹳草 *Geranium wilfordii* Maxim.	多年生草本	中生	
347			毛蕊老鹳草 *Geranium eriostemon* Fisch. ex DC.	多年生草本	湿中生	
348			灰背老鹳草 *Geranium wlassowianum* Fisch. ex Link	多年生草本	中生	
349			鼠掌老鹳草 *Geranium sibiricum* L.	多年生草本	中生	
350		牻牛儿苗属 *Erodium*	牻牛儿苗 *Erodium stephanianum* Willd.	一二年生草本	中生	
351	亚麻科 Linaceae	亚麻属 *Linum*	野亚麻 *Linum stelleroides* Planch.	一年生草本	旱中生	
352	蒺藜科 Zygophyllaceae	蒺藜属 *Tribulus*	蒺藜 *Tribulus terrestris* L.	一年生草本	中生	
353	芸香科 Rutaceae	白鲜属 *Dictamnus*	白鲜 *Dictamnus dasycarpus* Turcz.	多年生草本	中生	
354		黄檗属 *Phellodendron*	黄檗 *Phellodendron amurense* Rupr.	乔木	湿中生	
355		吴茱萸属 *Evodia*	臭檀 *Evodia daniellii*（Benn.）Hemsl.	乔木	中生	资料
356	苦木科 Simaroubaceae	苦木属 *Picrasma*	苦木 *Picrasma quassioides*（D. Don）Benn.	乔木	中生	资料
357	远志科 Polygalaceae	远志属 *Polygala*	瓜子金 *Polygala japonica* Houtt.	多年生草本	中生	
358			西伯利亚远志 *Polygala sibirica* L.	多年生草本	旱中生	
359			小扁豆 *Polygala tatarinowii* Regel.	一年生草本	中生	资料
360			远志 *Polygala tenuifolia* Willd.	多年生草本	旱中生	
361	大戟科 Euphorbiaceae	大戟属 *Euphorbia*	地锦草 *Euphorbia humifusa* Willd.	一年生草本	中生	
362			猫眼草 *Euphorbia lunulata* Bge.	多年生草本	中生	
363			乳浆大戟 *Euphorbia esula* L.	多年生草本	旱中生	资料
364		地构叶属 *Speranskia*	地构叶 *Speranskia tuberculata*（Bge.）Baill.	多年生草本	旱生	资料
365		雀儿舌头属 Leptopus	雀儿舌头 *Leptopus chinensis*（Bge.）Pojark.	灌木	中生	
366		铁苋菜属 *Acalypha*	铁苋菜 *Acalypha australis* L.	一年生草本	中生	
367		白饭树属 *Flueggea*	一叶荻 *Flueggea suffruticosa*（Pall.）Baill.	灌木	旱中生	
368	漆树科 Anacardiaceae	漆属 *Toxicodendron*	漆树 *Toxicodendron verniciflum*（Stokes）F. A. Barkley	乔木	中生	资料

（续）

序号	科名	属名	种名	生活型	生境	备注
369	卫矛科 Celastraceae	南蛇藤属 *Celastrus*	刺苞南蛇藤 *Celastrus flagellaris* Rupr.	木质藤本	湿中生	
370			南蛇藤 *Celastrus orbiculatus* Thunb.	木质藤本	湿中生	
371		卫矛属 *Euonymus*	卫矛 *Euonymus alatus*（Thunb.）Sieb.	灌木	中生	
372	槭树科 Aceraceae	槭属 *Acer*	青榨槭 *Acer davidii* Franch.	乔木	中生	
373			色木槭 *Acer mono* Maxim.	乔木	中生	
374			茶条槭 *Acer ginnala* Maxim.	乔木	中生	
375	无患子科 Sapindaceae	栾树属 *Koelreuteria*	栾树 *Koelreuteria paniculta* Laxm.	乔木	中生	
376	凤仙花科 Balsaminaceae	凤仙花属 *Impatiens*	水金凤 *Impatiens noli－tangere* L.	一年生草本	湿生	
377	鼠李科 Rhamnaceae	鼠李属 *Rhamnus*	东北鼠李 *Rhamnus schneideri* Levl. et Vent. var. *mandshurica*（Nakai）Nakai	灌木	中生	
378			冻绿 *Rhamnus utilis* Decne	灌木	中生	
379			锐齿鼠李 *Rhamnus arguta* Maxim.	灌木	旱中生	
380			鼠李 *Rhamnus davurica* Pall.	灌木	中生	
381			卵叶鼠李 *Rhamnus bungeana* J. Vass.	灌木	中生	
382			小叶鼠李 *Rhamnus parvifolia* Bge.	灌木	旱中生	
383			圆叶鼠李 *Rhamnus globosa* Bge.	灌木	中生	
384		枣属 *Ziziphus*	酸枣 *Ziziphus jujuba* Mill. var. *Spinosa* Hu et H. F. Chow	灌木	旱中生	
385	葡萄科 Vitaceae	葡萄属 *Vitis*	华北葡萄 *Vitis bryoniifolia* Bge.	木质藤本	中生	
386			山葡萄 *Vitis amurensis* Rupr.	木质藤本	中生	
387		蛇葡萄属 *Ampelopsis*	葎叶蛇葡萄 *Ampelopsis humulifolia* Bge.	木质藤本	旱中生	
388			乌头叶蛇葡萄 *Ampelopsis aconitifolia* Bge.	木质藤本	中生	
389			掌裂草葡萄 *Ampelopsis aconitifolia* Bge. var. *glabra* Diels	木质藤本	中生	
390	椴树科 Tiliaceae	椴树属 *Tilia*	糠椴 *Tilia mandshurica* Rupr. et Maxim.	乔木	湿中生	
391			蒙椴 *Tilia mongolica* Maxim.	乔木	中生	
392			紫椴 *Tilia amurensis* Rupr.	乔木	湿中生	
393		扁担杆属 *Grewia*	孩儿拳头 *Grewia biloba* Don var. *parviflora* Hand.	灌木	中生	资料
394	锦葵科 Malvaceae	木槿属 *Hibiscus*	野西瓜苗 *Hibiscus trionum* L.	一年生草本	湿中生	
395		苘麻属 *Abutilon*	苘麻 *Abutilon theophrasti* Medic.	一年生草本	中生	
396	猕猴桃科 Actinidiaceae	猕猴桃属 *Actinidia*	猕猴桃 *Actinidia arguta*（Sieb. et Zucc.）Planch. Ex Miq.	藤本	中生	资料
397	藤黄科 Guttiferae	金丝桃属 *Hypericum*	红旱莲 *Hypericum ascyron* L.	多年生草本	湿中生	
398			野金丝桃 *Hypericum attenuatum* Choisy	多年生草本	中生	
399	柽柳科 Tamaricaceae	水柏枝属 *Myricaria*	宽苞水柏枝 *Myricaria bracteata* Royle	灌木	中生	资料
400		柽柳属 *Tamarix*	柽柳 *Tamarix chinensis* Lour.	灌木	中生	资料

（续）

序号	科名	属名	种名	生活型	生境	备注
401	堇菜科 Violaceae	堇菜属 *Viola*	斑叶堇菜 *Viola variegata* Fisch. ex Link.	多年生草本	中生	
402			北京堇菜 *Viola pekinensis*（Regel.）W. Beck.	多年生草本	中生	
403			河北堇菜 *Viola hopeiensis* J. W. Wang et T. G. Ma	多年生草本	中生	资料
404			鸡腿堇菜 *Viola acuminata* Ledeb.	多年生草本	湿中生	
405			裂叶堇菜 *Viola dissecta* Ledeb.	多年生草本	中生	
406			球果堇菜 *Viola collina* Bess.	多年生草本	中生	
407			深山堇菜 *Viola selkirkii* Pursh. ex Golde.	多年生草本	中生	
408			双花黄堇菜 *Viola biflora* L.	多年生草本	湿中生	
409			阴地堇菜 *Viola yezoensis* Maxim.	多年生草本	中生	
410			早开堇菜 *Viola prionantha* Bge.	多年生草本	湿中生	
411			紫花地丁 *Viola yedoensis* Makino	多年生草本	中生	
412	秋海棠科 Begoniaceae	秋海棠属 *Begonia*	中华秋海棠 *Begonia sinensis* DC.	多年生草本	湿生	
413	瑞香科 Thymelaeaceae	草瑞香属 *Diarthron*	粟麻 *Diarhtron linifolium* Turcz.	一年生草本	中生	
414		狼毒属 *Stellera*	狼毒 *Stellera chamaejasme* L.	多年生草本	旱中生	
415		荛花属 *Wikstroemia*	河朔荛花 *Wikstroemia chamaedaphne*（Bge.）Meisn.	灌木	中生	
416	千屈菜科 Lythraceae	千屈菜属 *Lythrum*	千屈菜 *Lythrum salicaria* L.	多年生草本	湿生	
417	柳叶菜科 Onagraceae	柳兰属 *Chamaenerion*	柳兰 *Chamaenerion angustifolium*（L.）Scop.	多年生草本	湿生	
418		柳叶菜属 *Epilobium*	光滑柳叶菜 *Epilobium cephalostigma* Hausskn.	多年生草本	湿中生	资料
419			柳叶菜 *Epilobium hirsutum* L.	多年生草本	湿生	
420			沼生柳叶菜 *Epilobium palustre* L.	多年生草本	湿生	资料
421		露珠草属 *Circaea*	高山露珠草 *Circaea alpina* L.	多年生草本	中生	
422			露珠草 *Circaea quadrisulcata* Franch. et Sav.	多年生草本	湿生	
423			牛泷草 *Circaea cordata* Royle.	多年生草本	中生	
424	小二仙草科 Haloragidaceae	狐尾藻属 *Myriophyllum*	狐尾藻 *Myriophyllum spicatum* L.	多年生草本	水生	
425	五加科 Araliaceae	五加属 *Acanthopanax*	刺五加 *Acanthopanax senticosus*（Rupr. et Maxim.）Harms	灌木	中生	
426			无梗五加 *Acanthopanax sessiliflorus*（Rupr. Maxim.）Seem.	灌木	中生	
427	伞形科 Umbelliferae	变豆菜属 *Sanicula*	变豆菜 *Sanicula chinensis* Bge.	多年生草本	湿中生	资料
428		柴胡属 *Bupleurum*	北柴胡 *Bupleurum chinense* DC.	多年生草本	中生	
429			北京柴胡 *Bupleurum chinense* DC. f. *pekinense*（Franch.）Shan et Y. Li	多年生草本	中生	资料
430			黑柴胡 *Bupleurum smithii* Wolff	多年生草本	中生	
431			红柴胡 *Bupleurum scorzonerifolium* Willd.	多年生草本	中生	
432			雾灵柴胡 *Bupleurum sibiricum* Vest. var. *jeholense*（Nakai）Chu	多年生草本	中生	
433		当归属 *Angelica*	白芷 *Angelica dahurica*（Fisch.）Benth. et Hook. ex Franch. et Sav.	多年生草本	湿中生	
434			拐芹当归 *Angelica polymorpha* Maxim.	多年生草本	湿生	
435		毒芹属 *Cicuta*	毒芹 *Cicuta virosa* L.	多年生草本	湿生	资料

（续）

序号	科名	属名	种名	生活型	生境	备注
436	伞形科 Umbelliferae	独活属 *Heracleum*	短毛独活 *Heracleum moellendorffii* Hance	多年生草本	湿中生	
437		岩风属 *Libanotis*	密花岩风 *Libanotis condensata*（Linn.）Crantz.	多年生草本	中生	资料
438		防风属 *Saposhnikovia*	防风 *Saposhnikovia divaricata*（Turcz.）Schischk.	多年生草本	中生	
439		藁本属 *Ligusticum*	藁本 *Ligusticum jeholense*（Nakai et Kitag.）Nakai et Kitag.	多年生草本	中生	
440			丝叶藁本 *Ligusticum filisectum*（Nakai et Kitag.）Hiroe	多年生草本	中生	
441			细叶藁本 *Ligusticum Tachiroei*（Franch. et Sav.）Hiroe et Const.	多年生草本	中生	
442		葛缕子属 *Carum*	田葛缕子 *Carum buriaticum* Turcz.	二年生草本	中生	
443		迷果芹属 *Sphallerocarpus*	迷果芹 *Sphallerocarpus gracilis*（Bess.）K. －Pol.	多年生草本	中生	
444		前胡属 *Peucedanum*	石防风 *Peucedanum terebinthaceum*（Fisch.）Fisch. ex Turcz.	多年生草本	中生	
445		窃衣属 *Torilis*	窃衣 *Torilis japonica*（Houtt.）DC.	一年生草本	中生	资料
446		山芹属 *Ostericum*	大齿山芹 *Ostericum grosseserratum*（Maxim.）Kitag.	多年生草本	湿中生	
447			山芹 *Ostericum sieboldii*（Miq.）Nakai	多年生草本	湿中生	
448		蛇床属 *Cnidium*	蛇床 *Cnidium monnieri*（L.）Cuss.	一年生草本	湿中生	
449		水芹属 *Oenanthe*	水芹 *Oenanthe decumbens*(Thunb) K. －Pol.	多年生草本	湿生	
450	山茱萸科 Cornaceae	山茱萸属 Cornus	沙梾 *Cornus bretschneideri* L.	灌木	中生	
451	鹿蹄草科 Pyrolaceae	鹿蹄草属 *Pyrola*	鹿蹄草 *Pyrola calliantha* H. Andr	多年生草本	中生	
452		水晶兰属 *Monotropa*	水晶兰 *Monotropa uniflora* Linn.	多年生草本	中生	资料
453	杜鹃花科 Ericaceae	杜鹃属 *Rhododendron*	迎红杜鹃 *Rhododendron mucronatum* Turcz.	灌木	旱中生	
454			照山白 *Rhododendron micranthum* Turcz.	常绿灌木	旱中生	
455	报春花科 Primulaceae	报春花属 *Primula*	胭脂花 *Primula maximowiczii* Regel	多年生草本	中生	
456			粉报春 *Primula farinosa* L.	多年生草本	湿中生	
457		点地梅属 *Androsace*	点地梅 *Androsace umbellata*（Lour.）Merr.	一二年生草本	中生	
458		假报春属 *Cortusa*	北京假报春 *Cortusa matthioli ssp. Pekinensis*（Al. Richt.）Kitag.	多年生草本	中生	
459		珍珠菜属 *Lysimachia*	狼尾花 *Lysimachia barystachys* Bge.	多年生草本	旱中生	
460			狭叶珍珠菜 *Lysimachia pentapetala* Bge.	一年生草本	湿中生	
461	白花丹科 Plumbaginaceae	补血草属 *Limonium*	二色补血草 *Limonium bicolor*（Bge.）O. Kuntze	多年生草本	中生	
462	木犀科 Oleaceae	梣属 *Fraxinus*	白蜡树 *Fraxinus chinensis* Roxb.	乔木	中生	
463			大叶白蜡 *Fraxinus rhynchophylla* Hance.	乔木	中生	
464			小叶白蜡 *Fraxinus bungeana* DC.	灌木	中生	
465		丁香属 *Syringa*	暴马丁香 *Syringa reticulata*（Blume）Hara var. *amurensis*（Rupr.）Pringle	灌木	湿中生	
466			北京丁香 *Syringa pekinensis* Rupr.	小乔木	中生	
467			红丁香 *Syringa villosa* Vahl.	灌木	中生	
468			毛叶丁香 *Syringa pubescens* Turcz.	灌木	中生	
469	龙胆科 Gentianaceae	扁蕾属 *Gentianopsis*	中国扁蕾 *Gentianopsis barbata* var. *sinensis*	二、多年生草本	中生	资料
470			扁蕾 *Gentianopsis barbata*（Froel.）Ma.	一年生草本	中生	资料

（续）

序号	科名	属名	种名	生活型	生境	备注
471	龙胆科 Gentianaceae	肋柱花属 *Lomatogonium*	肋柱花 *Lomatogonium carinthiaca* A. Br.	一年生草本	中生	资料
472		花锚属 *Halenia*	花锚 *Halenia sibirica* Borkh.	一年生草本	中生	
473		龙胆属 *Gentiana*	笔龙胆 *Gentiana zollingeri* Fawcett	二年生草本	中生	
474			达乌里龙胆 *Gentiana dahurica* Fisch.	多年生草本	中生	资料
475			大叶龙胆 *Gentiana macrophylla* Pall.	多年生草本	中生	
476			小龙胆 *Gentiana squarrosa* Ledeb.	一年生草本	中生	
477		翼萼蔓属 *Pterygocalyx*	翼萼蔓 *Pterygocalyx volubilis* Maxim.	一年生缠绕草本	中生	资料
478		獐牙菜属 *Swertia*	当药 *Swertia diluta*（Turcz.）Benth	一年生草本	中生	资料
479			瘤毛獐牙菜 *Swertia pseudochinensis* Hara	一年生草本	中生	资料
480			红直当药 *Swertia erythrostica* Maxim.	多年生草本	中生	资料
481	萝藦科 Asclepiadaceae	鹅绒藤属 *Cynanchum*	白首乌 *Cynanchum bungei* Decne.	多年生藤本	中生	
482			白薇 *Cynanchum atratum* Bge.	多年生草本	中生	
483			地梢瓜 *Cynanchum thesioides*（Freyn.）K. Schum.	多年生草本	中生	
484			鹅绒藤 *Cynanchum chinensis* R. Br.	多年生草本	中生	
485			华北白前 *Cynanchum hancockianum*（Maxim.）Al. Iljinski	多年生草本	中生	
486			牛皮消 *Cynanchum auriculatum* Royle ex Wight.	多年生草质藤本	中生	
487			徐长卿 *Cynanchum paniculatum*（Bge.）Kitag.	多年生草本	中生	
488			紫花杯冠藤 *Cynanchum purpureum*（Pall.）K. Schum	多年生草本	中生	资料
489		杠柳属 *Periploca*	杠柳 *Periploca sepium* Bge.	木质藤本	旱中生	
490		萝藦属 *Metaplexis*	萝藦 *Metaplexis japonica*（Thunb.）Makino	草质藤本	中生	
491	旋花科 Convolvulaceae	打碗花属 *Calystegia*	打碗花 *Calystegia hederacea* Wall. ex Roxb.	一年生草本	中生	
492			宽叶打碗花 *Calystegia dahurica*（Herb.）Choisy	多年生草本	湿中生	
493			旋花 *Calystegia sepium*（Linn.）R. Br.	多年生草本	中生	
494		牵牛花属 *Pharbitis*	牵牛 *Pharbitis nil*（L.）Choisy	一年生草本	中生	
495			圆叶牵牛 *Pharbitis purpurea*（L.）Viogt.	一年生草本	中生	
496		菟丝子属 *Cuscuta*	日本菟丝子 *Cuscuta japonica* Choixy.	一年生寄生草本	中生	
497			菟丝子 *Cuscuta chinensis* Lam.	一年生寄生草本	中生	
498		旋花属 *Convolvulus*	田旋花 *Convolvulus arvensis* L.	多年生草本	旱中生	
499		鱼黄草属 *Merremia*	北鱼黄草 *Merremia sibirica*（L.）Hall.	一年生缠绕草本	中生	
500	花荵科 Polemoniaceae	花荵属 *Polemonium*	花荵 *Polemonium coeruleum* L.	多年生草本	湿中生	
501	紫草科 Boraginaceae	斑种草属 *Bothriospermum*	斑种草 *Bothriospermum chinense* Bge.	一二年生草本	中生	
502			多苞斑种草 *Bothriospermum secundum* Maxim.	一年生草本	中生	资料
503			狭苞斑种草 *Bothriospermum kusnetzowii* Bge.	多年生草本	中生	资料
504		齿缘草属 *Eritrichium*	北齿缘草 *Eritirichium borealisinense* Kitag.	多年生草本	中生	资料
505		附地菜属 *Trigonotis*	钝萼附地菜 *Trigonotis amblyosepala* Nakai et Kitag.	一年生草本	中生	资料
506			附地菜 *Trigonotis peduncularis*（Trev.）Benth. ex Baker et Moore	一年生草本	中生	
507		鹤虱属 *Lappula*	鹤虱 *Lappula myosotis* V. Wolf.	一年生草本	旱中生	
508		琉璃草属 *Cynoglossum*	大果琉璃草 *Cynoglossum divaricatum* Steph.	二年生草本	旱中生	资料

（续）

序号	科名	属名	种名	生活型	生境	备注
509	紫草科 Boraginaceae	砂引草属 *Messerschmidia*	砂引草 *Messerschmidia sibirica* L. ssp. *Angustior* (DC.) Kitag.	多年生草本	湿中生	资料
510		勿忘草属 *Myosotis*	湿地勿忘草 *Myosotis caespitosa* Schultz.	一二年生草本	湿中生	资料
511			勿忘草 *Myosotis sylvatica* (Ehrh.) Hoffm.	一二年生草本	中生	资料
512		紫草属 *Lithospermum*	紫草 *Lithospermum erythrorhizon* Sieb. et Zucc.	多年生草本	中生	资料
513		紫筒草属 *Stenosolenium*	紫筒草 *Stenosolenium saxatile* (Pall.) Turcz.	多年生草本	中生	资料
514	马鞭草科 Verbenaceae	牡荆属 *Vitex*	荆条 *Vitex negundo* var. *heterophylla* (Franth.) Rehd.	灌木	旱中生	
515			白花荆条 *Vitex negnudo* var. *heterophylla* (Franth.) Rehd. f. *albiflora* Jen. et Y. J. Chang	灌木	旱中生	
516	唇形科 Labiatae	百里香属 *Thymus*	百里香 *Thymus mongolicus* Ronn.	亚灌木	中生	
517			地椒 *Thymus quinquecostatus* Celak.	亚灌木	中生	资料
518		薄荷属 *Mentha*	薄荷 *Mentha haplocalyx* Briq.	多年生草本	湿中生	
519		糙苏属 *Phlomis*	糙苏 *Phlomis umbrosa* Turcz.	多年生草本	湿中生	
520			大叶糙苏 *Phlomis maximowiczii* Regel	多年生草本	中生	资料
521		地笋属 *Lycopus*	地笋 *Lycopus lucidus* Turcz.	多年生草本	湿中生	
522			欧地笋 *Lycopus europaeus* L.	多年生草本	湿中生	
523		风轮菜属 *Clinopodium*	风车草 *Clinopodium chinensis* O. Kuntze var. *grandiflorum* (Maxim.) Hara	多年生草本	中生	
524			风轮菜 *Clinopodium chinensis* O. Ktze.	多年生草本	中生	资料
525		荆芥属 *Nepeta*	康藏荆芥 *Nepeta prattii* Lévl.	多年生草本	湿中生	资料
526			多裂叶荆芥 *Nepeta multifida* L.	一年生草本	中生	资料
527		黄芩属 *Scutellaria*	白花黄芩 *Scutellaria baicalensis* f. *albiflora*	多年生草本	中生	资料
528			北京黄芩 *Scutellaria pekinensis* Maxim.	一年生草本	中生	
529			并头黄芩 *Scutellaria scordifolia* Fisch. ex schrank.	多年生草本	中生	
530			黄芩 *Scutellaria baicalensis* Georgi.	多年生草本	旱中生	
531			粘毛黄芩 *Scutellaria viscidula* Bge.	多年生草本	中生	资料
532		筋骨草属 *Ajuga*	白苞筋骨草 *Ajuga lupulina* Maxim.	多年生草本	中生	
533			筋骨草 *Ajuga ciliata* Bge.	多年生草本	湿中生	资料
534		香科科属 *Teucrium*	黑龙江香科科 *Teucrium ussuriense* Kom.	多年生草本	中生	资料
535		裂叶荆芥属 *Schizonepeta*	裂叶荆芥 *Schizonepeta tenuifolia* (Benth.) Briq.	一年生草本	中生	
536		青兰属 *Dracocephalum*	光萼青兰 *Dracocephalum argunense* Fisch. ex Link	多年生草本	中生	资料
537			香青兰 *Dracocephalum moldavica* L.	一年生草本	中生	
538			岩青兰 *Dracocephalum rupestre* Hance.	多年生草本	中生	
539		鼠尾草属 *Salvia*	丹参 *Salvia miltiorrhiza* Bge.	多年生草本	中生	
540			雪见草 *Salvia plebeia* R. Br.	二年生草本	中生	资料
541			荫生鼠尾草 *Salvia umbratica* Hance.	多年生草本	中生	
542		水棘针属 *Amethystea*	水棘针 *Amethystea caerulea* L.	一年生草本	湿中生	
543		水苏属 *Stachys*	甘露子 *Stachys sieboldii* Miq.	多年生草本	湿中生	资料
544		夏至草属 *Lagopsis*	夏至草 *Lagopsis supina* (steph) IK - Gal. ex Knorr.	多年生草本	中生	
545		香茶菜属 *Rabdosia*	蓝萼香茶菜 *Rabdosia japonica* var. *glaucocalyx* (Maxim.) Hara	多年生草本	中生	

（续）

序号	科名	属名	种名	生活型	生境	备注
546	唇形科 Labiatae	香薷属 *Elsholtzia*	白花木本香薷 *Elsholtzia stauntoni* f. *Albiflora*	亚灌木	中生	资料
547			海州香薷 *Elsholtzia splendens* Nakai ex F. Maekawa	一年生草本	中生	资料
548			密花香薷 *Elsholtzia densa* Benth.	一年生草本	中生	
549			木本香薷 *Elsholtzia stauntoni* Benth.	半灌木	旱中生	
550			香薷 *Elsholtzia ciliata*（Thunb.）Hyland.	一年生草本	中生	
551		藿香属 *Agastache*	藿香 *Agastache rugosa* Fisch. et Mey. O. Ktze	多年生草本	中生	
552		益母草属 *Leonurus*	大花益母草 *Leonurus macranthus* Maxim.	多年生草本	中生	资料
553			细叶益母草 *Leonurus sibiricus* L.	一二年生草本	旱生	
554			益母草 *Leonurus japonicus* Houtt.	一二年生草本	中生	
555			錾菜 *Leonurus pseudomacranthus* Kitag.	多年生草本	中生	资料
556	茄科 Solanaceae	曼陀罗属 *Datura*	曼陀罗 *Datura stramonium* L.	一年生草本	中生	
557		泡囊草属 *Physochlaina*	泡囊草 *Physochlaina physaloides*（L.）G.	多年生草本	中生	资料
558		茄属 *Solanum*	龙葵 *Solanum nigrum* L.	一年生草本	中生	
559			野海茄 *Solanum japonense* Nakai	多年生草质藤本	中生	资料
560		散血丹属 *Physaliastrum*	日本散血丹 *Physaliastrum japonicum*（Franch. et Sav.）Honda	多年生草本	中生	
561		酸浆属 *Physalis*	酸浆 *Physalis alkekengi* Linn. var. *francheti*（Mast.）Makino	多年生草本	湿中生	
562		天仙子属 *Hyoscyamus*	天仙子 *Hyoscyamus niger* L.	一二年生草本	中生	
563	玄参科 Scrophulariaceae	地黄属 *Rehmannia*	地黄 *Rehmannia glutinosa*（Gaetn.）Libosch. ex Fisch. et Mey.	多年生草本	旱中生	
564		腹水草属 *Veronicastrum*	草本威灵仙 *Veronicastrum sibiricum*（L.）pennell.	多年生草本	中生	
565		沟酸浆属 *Mimulus*	沟酸浆 *Mimulus tenellus* Bge.	多年生草本	湿中生	资料
566		疗齿草属 *Odontites*	疗齿草 *Odontites serotina*（Lam.）Dum.	一年生草本	湿生	资料
567		柳穿鱼属 *Linaria*	柳穿鱼 *Linaria vulgaris* Mill. subsp. *sinensis*（Bebeaux）Hong	多年生草本	旱中生	
568		马先蒿属 *Pedicularis*	短茎马先蒿 *Pedicularis Artselaeri* Maxim.	多年生草本	中生	
569			返顾马先蒿 *Pedicularis resupinata* L.	多年生草本	中生	
570			红纹马先蒿 *Pedicularis striata* Pall.	多年生草本	中生	
571			华北马先蒿 *Pedicularis tatarinowii* Maxim.	一年生草本	中生	
572			穗花马先蒿 *Pedicularis spicata* Pall.	一年生草本	中生	
573			中国马先蒿 *Pedicularis resupinata* L.	一年生草本	中生	
574		婆婆纳属 *Veronica*	北水苦荬 *Veronica anagalis – aquatica* L.	多年生草本	湿生	
575			细叶婆婆纳 *Veronica linariifolia* Pall. ex Link	多年生草本	中生	
576			水蔓菁 *Veronica linariifolia* Pall. ex Link ssp. *dilatata*（Nakai et Kitagawa）Hong	多年生草本	中生	
577		山萝花属 *Melampyrum*	山萝花 *Melampyrum roseum* Maxim.	一年生草本	中生	
578		大黄花属 *Cymbaria*	大黄花 *Cymbaria dahurica* Linn.	多年生草本	中生	资料
579		松蒿属 *Phtheirospermum*	松蒿 *Phtheirospermum japonicum*（Thunb.）Kanitz	一年生草本	中生	
580		小米草属 *Euphrasia*	小米草 *Euphrasia pectinata* Ten.	一年生草本	中生	资料
581		玄参属 *Scrophularia*	华北玄参 *Scrophularia moellendorffii* Maxim.	多年生草本	湿中生	资料
582		阴行草属 *Siphonostegia*	阴行草 *Siphonostegia chinensis* Benth.	一年生草本	中生	

（续）

序号	科名	属名	种名	生活型	生境	备注
583	紫葳科 Bignoniaceae	角蒿属 *Incarvillea*	角蒿 *Incarvillea sinensis* Lam.	一年生草本	旱中生	
584	列当科 Orobanchaceae	列当属 *Orobanche*	黄花列当 *Orobanche pycnostchya* Hance.	多年生寄生	旱生	
585			列当 *Orobanche coerulescens*	多年生草本	旱生	资料
586	苦苣苔科 Gesneriaceae	牛耳草属 *Boea*	牛耳草 *Boea hygrometrica*（Bge.）R. Br.	多年生草本	湿中生	
587	透骨草科 Phrymaceae	透骨草属 *Phryma*	透骨草 *Phryma leptostachya* L. subsp. *asiatica*（Hara）Kitamura	多年生草本	湿中生	
588	车前科 Plantaginaceae	车前属 *Plantago*	车前 *Plantago asiatica* L.	多年生草本	湿中生	
589			大车前 *Plantago major* L.	多年生草本	湿中生	
590			平车前 *Plantago depressa* Willd.	多年生草本	中生	
591	茜草科 Rubiaceae	茜草属 *Rubia*	茜草 *Rubia cordifolia* L.	多年生草本	中生	
592		猪殃殃属 *Galium*	光果猪殃殃 *Galium spurium* L.	一年生草本	中生	
593			蓬子菜 *Galium verum* L.	多年生草本	中生	
594			少花猪殃殃 *Galium pauciflorum* Bge.	多年生草本	中生	
595			四叶葎 *Galium bungei* Steud.	多年生草本	湿生	
596			线叶猪殃殃 *Galium linearifolium* Turcz.	多年生草本	中生	
597			猪殃殃 *Galium aparine* L.	一年生草本	中生	
598			砧草 *Galium boreale* L.	多年生草本	湿中生	
599		野丁香属 *Leptodermis*	薄皮木 *Leptodermis oblonga* Bge.	灌木	中生	
600	忍冬科 Caprifoliaceae	荚蒾属 *Viburnum*	鸡树条荚蒾 *Viburnum sargentii* Koehne	灌木	中生	
601			蒙古荚蒾 *Viburnum mongolicum*（Pall.）Rehd.	灌木	中生	
602		接骨木属 *Sambucus*	接骨木 *Sambucus williamsii* Hance	灌木	中生	
603			无梗接骨木 *Sambucus sieboldiana* Bl. ex Miq.	灌木	中生	资料
604		锦带花属 *Weigela*	锦带花 *Weigela florida*（Bge.）A. DC.	灌木	旱中生	
605		六道木属 *Abelia*	六道木 *Abelia biflora* Turcz.	灌木	旱中生	
606		忍冬属 *Lonicera*	北京忍冬 *Lonicera pekinensis* Rehd.	灌木	中生	
607			金花忍冬 *Lonicera chrysantha* Turcz.	灌木	中生	
608			刚毛忍冬 *Lonicera hispida* Pall. ex Roem. et Schult.	灌木	中生	
609			华北忍冬 *Lonicera tatarinowii* Maxim.	灌木	中生	
610	五福花科 Adoxaceae	五福花属 *Adoxa*	五福花 *Adoxa moschatellina* L.	多年生草本	中生	
611	败酱科 Valerianaceae	败酱属 *Patrinia*	糙叶败酱 *Patrinia scabra* Bge.	多年生草本	旱中生	
612			黄花龙芽 *Patrinia scabiosaefolia* Fisch. ex Link.	多年生草本	中生	
613			岩败酱 *Patrinia rupestris*（Pall.）Dufr.	多年生草本	旱中生	资料
614			异叶败酱 *Patrinia heterophylla* Bge.	多年生草本	旱中生	
615		缬草属 *Valeriana*	缬草 *Valeriana officinais* L.	多年生草本	湿中生	
616	川续断科 Dipsacaceae	蓝盆花属 *Scabiosa*	华北蓝盆花 *Scabiosa tschiliensis* Grun.	多年生草本	中生	
617		续断属 *Dipsacus*	日本续断 *Dipsacus japonicus* Miq.	多年生草本	湿中生	
618	葫芦科 Cucurbitaceae	赤瓟属 *Thladiantha*	赤瓟 *Thladiantha dubia* Bge.	多年生藤本	中生	资料

（续）

序号	科名	属名	种名	生活型	生境	备注
619	桔梗科 Campanulaceae	党参属 *Codonopsis*	党参 *Codonopsis pilosula*（Fr.）Nannf.	多年生藤本	中生	
620			羊乳 *Codonopsis lanceolata*（Sieb. et Zucc.）Trautv.	多年生草本	中生	
621		半边莲属 *Lobelia*	山梗菜 *Lobelia sessilifolia* Lamb.	多年生草本	湿中生	资料
622		风铃草属 *Campanula*	紫斑风铃草 *Campanula punctata* Lam.	多年生草本	中生	
623		桔梗属 *Platycodon*	桔梗 *Platycodon grandiflorus*（jacq.）A. DC.	多年生草本	中生	
624		沙参属 *Adenophora*	北方沙参 *Adenophora borealis* Hong et Zhao Ye-zhi	多年生草本	中生	资料
625			紫沙参 *Adenophora paniculata* Nannf.	多年生草本	中生	
626			多歧沙参 *Adenophora wawreana* Zahlbr.	多年生草本	旱中生	
627			轮叶沙参 *Adenophora tetraphylla*（Thunb.）Fisch.	多年生草本	湿中生	
628			荠苨 *Adenophora trachelioides* Maxim	多年生草本	中生	
629			沙参 *Adenophora elata* Nakai.	多年生草本	中生	
630			石沙参 *Adenophora polyantha* Nakai	多年生草本	旱中生	
631			展枝沙参 *Adenophora divaricata* Franch. et Sav.	多年生草本	中生	
632			狭叶沙参 *Adenophora gmelinii*（Spreng.）Fisch.	多年生草本	中生	资料
633	菊科 Compositae	飞蓬属 *Erigeron*	飞蓬 *Erigeron acer* L.	多年生草本	中生	资料
634		苍耳属 *Xanthium*	苍耳 *Xanthium sibiricum* Patrin ex Widd.	一年生草本	中生	
635		苍术属 *Atractylodes*	苍术 *Atractylodes lancea*（Thunb.）DC.	多年生草本	中生	
636		翠菊属 *Callistephus*	翠菊 *Callistephus chinensis*（L.）Nees.	一年生草本	中生	
637		大丁草属 *Gerbera*	大丁草 *Gerbera anandria*（L.）Nakai	多年生草本	中生	
638		东风菜属 *Doellingeria*	东风菜 *Doellingeria scaber*（Thunb.）Nees.	多年生草本	中生	
639		飞廉属 *Carduus*	飞廉 *Carduus crispus* L.	二年生草本	中生	
640		风毛菊属 *Saussurea*	篦苞风毛菊 *Saussurea pectinata* Bge.	多年生草本	中生	
641			草地风毛菊 *Saussurea amara*（L.）DC.	多年生草本	中生	
642			风毛菊 *Saussurea japonica*（Thunb.）DC.	二年生草本	中生	
643			华北风毛菊 *Saussurea mogolica*（Fr.）Franch.	多年生草本	中生	
644			乌苏里风毛菊 *Saussurea ussuriensis* Maxim.	多年生草本	中生	
645			银背风毛菊 *Saussurea nivea* Turcz.	多年生草本	中生	
646			齿叶风毛菊 *Saussurea ncoserrata* Nakai	多年生草本	中生	
647			紫苞风毛菊 *Saussurea Iodostegia* Hance.	多年生草本	中生	
648		狗哇花属 *Heteropappus*	阿尔泰狗哇花 *Heteropappus altaicus*（Willd.）Novopokr.	多年生草本	中生	资料
649			狗哇花 *Heteropappus hispidus*（Thunb.）Less.	二年生草本	中生	资料
650		鬼针草属 *Bidens*	鬼针草 *Bidens bipinnatap* L.	一年生草本	湿中生	
651			狼把草 *Bidens tripartita* L.	一年生草本	湿中生	
652			小花鬼针草 *Bidens parviflora* Willd.	一年生草本	中生	
653		蒿属 *Artemisia*	黄花蒿 *Artemisia annua* L.	一二年生草本	中生	
654			青蒿 *Artemisia aopiacea* Hance	多年生草本	中生	
655			艾蒿 *Artemisia argyi* Levl. et Vant.	多年生草本	中生	
656			山蒿 *Artemisia brachyloba* Franch.	半灌木	中生	
657			茵陈蒿 *Artemisia capillaris* Thunb.	多年生草本	旱中生	
658			狭叶青蒿 *Artemisia dracunculus* Linn.	多年生草本	中生	
659			南牡蒿 *Artemisia eriopoda* Bge.	多年生草本	中生	

（续）

序号	科名	属名	种名	生活型	生境	备注
660	菊科 Compositae	蒿属 *Artemisia*	吉蒿 *Artemisia giraldii* Pamp.	多年生草本	中生	
661			白莲蒿 *Artemisia gmelinii* Web. ex Stechm.	多年生草本	旱中生	
662			歧茎蒿 *Artemisia igniaria* Maxim	多年生草本	中生	
663			柳叶蒿 *Artemisia integrifolia* L.	多年生草本	中生	
664			牡蒿 *Artemisia japonica* Thunb.	多年生草本	旱中生	
665			野艾蒿 *Artemisia lavandulaefolia* DC.	多年生草本	中生	
666			蒙古蒿 *Artemisia mongolica* Fisch.	多年生草本	中生	
667			猪毛蒿 *Artemisia scoparia* Wald. et Kit.	一二年生草本	中生	
668			大籽蒿 *Artemisia sieversiana* Willd	二年生草本	旱中生	
669			牛尾蒿 *Artemisia subdigitata* Mattf.	多年生草本	中生	
670			细裂叶蒿 *Artemisia tanacetifolia* L.	多年生草本	中生	
671			毛莲蒿 *Artemisia vestita* Wall.	多年生草本	旱中生	
672		和尚菜属 *Adenocaulon*	和尚菜 *Adenocaulon himalaicum* Edgew.	多年生草本	中生	
673		火绒草属 *Leontopodium*	火绒草 *Leontopodium leontopodioides*（Willd. ）Beauv.	多年生草本	旱中生	
674			绢茸火绒草 *Leontopodium smithianum* Hand. -Mazz.	多年生草本	中生	
675		蓟属 *Cirsium*	刺儿菜 *Cirsium setosum*（Willd.）Bieb.	多年生草本	中生	
676			魁蓟 *Cirsium leo* Nakai et Kitag.	多年生草本	中生	
677			绒背蓟 *Cirsium vlassovianum* Fisch.	多年生草本	中生	资料
678			烟管蓟 *Cirsium penhdulum* Fisch.	多年生草本	中生	
679		牛膝菊属 *Galinsoga*	牛膝菊 *Galinsoga parviflora* Cav. Ic. et Descr	一年生草本	中生	药用
680		菊属 *Dendranthema*	小红菊 *Dendranthema chanetii*（Levl.）Shih	多年生草本	中生	
681			紫花野菊 *Dendranthema zawadskii*（Herb.）Tzvel.	二、多年生草本	中生	
682			甘菊 *Dendranthema lavandulifolium*（Fisch. ex Trautv.）Ling et Shih	多年生草本	中生	资料
683		苦苣菜属 *Sonchus*	苣荬菜 *Sonchus brachyatus* DC.	多年生草本	中生	
684			苦苣菜 *Sonchus oleraceus* L.	一年生草本	旱中生	
685		苦荬菜属 *Ixeris*	苦菜 *Ixeris chinensis*（Thunb.）Nakai	多年生草本	旱中生	
686			抱茎苦荬菜 *Ixeris sonchifolia*（Bge.）Hance	多年生草本	中生	
687			秋苦荬菜 *Ixeris denticulata*（Houtt.）Stebb.	多年生草本	中生	
688		款冬属 *Tussilago*	款冬 *Tussilago farfara* L.	多年生草本	湿中生	资料
689		蓝刺头属 *Echinops*	蓝刺头 *Echinops latifolius* Tausch.	多年生草本	中生	
690			砂蓝刺头 *Echinops gmelini* Turcz.	一年生草本	旱中生	资料
691		鳢肠属 *Eclipta*	鳢肠 *Eclipta prostrata*（L.）L. mant.	一年生草本	湿生	
692		麻花头属 *Serratula*	多头麻花头 *Serratula polycephala* Iljin	多年生草本	中生	
693			麻花头 *Serratula centauroides* L.	多年生草本	旱中生	
694		马兰属 *Kalimeris*	北方马兰 *Kalimeris mongolic*（Franch.）Kitam.	多年生草本	中生	
695			裂叶马兰 *Kalimeris incisa*（Fisch.）DC.	多年生草本	中生	
696		蚂蚱腿子属 *Myripnois*	蚂蚱腿子 *Myripnois dioica* Bge.	灌木	中生	
697		猫儿菊属 *Hypochaeris*	猫儿菊 *Hypochaeris ciliata*（Thunb.）Makino	多年生草本	中生	
698		毛连菜属 *Picris*	毛连菜 *Picris japonica* Thunb.	二年生草本	中生	
699		泥胡菜属 *Hemistepta*	泥胡菜 *Hemistepta lyrata* Bge.	二年生草本	中生	

（续）

序号	科名	属名	种名	生活型	生境	备注
700	菊科 Compositae	牛蒡属 *Arctium*	牛蒡 *Arctium lappa* L.	二年生草本	中生	
701		盘果菊属 *Prenanthes*	大叶盘果菊 *Prenanthes macrophylla* Franch.	多年生草本	中生	
702			盘果菊 *Prenanthes tatarinowii* Maxim.	多年生草本	中生	
703		蒲公英属 *Taraxacum*	白花蒲公英 *Taraxacum pseudo – albidu* Kitag.	多年生草本	中生	资料
704			白缘蒲公英 *Taraxacum platypecidum* Diels.	多年生草本	中生	
705			红梗蒲公英 *Taraxacum erythropodium* Kitag	多年生草本	中生	资料
706			芥叶蒲公英 *Taraxacum brassicaefolium* Kitag.	多年生草本	中生	资料
707			蒲公英 *Taraxacum mongolicum* Hand. – Mazz	多年生草本	中生	
708			异鳞蒲公英 *Taraxacum heterolepis*	多年生草本	中生	资料
709		祁州漏芦属 *Rhaponticum*	祁州漏芦 *Rhaponticum uniflorum*（L.）DC.	多年生草本	中生	
710		千里光属 *Senecio*	狗舌草 *Senecio kirilowii* Turcz. ex DC.	多年生草本	中生	资料
711			林荫千里光 *Senecio nemorensis* L.	多年生草本	中生	
712			羽叶千里光 *Senecio argunensis* Turcz.	多年生草本	中生	资料
713		山柳菊属 *Hieracium*	山柳菊 *Hieracium umbellatum* L.	多年生草本	中生	资料
714		山牛蒡属 *Synurus*	山牛蒡 *Synurus deltoides*（Ait.）Nakai	多年生草本	中生	
715		蓍属 *Achillea*	高山蓍 *Achillea alpina* L.	多年生草本	中生	
716		天名精属 *Carpesium*	烟管头草 *Carpesium cernuum* L.	多年生草本	中生	
717		白酒草属 *Conyza*	小飞蓬 *Conyza canadensis*（L.）Cronq.	一年生草本	中生	资料
718		兔儿伞属 *Syneilesis*	兔儿伞 *Syneilesis aconitifolia*（Bge.）Maxim.	多年生草本	中生	
719		橐吾属 *Ligularia*	全缘橐吾 *Ligularia mongolica* Thunb.	多年生草本	中生	
720			蹄叶橐吾 *Ligularia fischeri*（Ledeb.）Turcz.	多年生草本	中生	
721			狭苞橐吾 *Ligularia intermedia* Nakai	多年生草本	中生	
722		山莴苣属 *Lagedium*	山莴苣 *Lagedium sibirica*（L.）Sojak	一二年生草本	中生	资料
723		翅果菊属 *Pterocypsela*	翼柄翅果菊 *Pterocypsela Triangulata*（Maxim.）Shih.	二、多年生草本	中生	
724		豨莶属 *Siegesbeckia*	腺梗豨莶 *Siegesbeckia pubescens* Makino	一年生草本	中生	
725		线叶菊属 *Filifolium*	线叶菊 *Filifolium sibiricum*（L.）Kitam.	多年生草本	旱中生	
726		女菀属 *Turczaninowia*	女菀 *Turczaninowia fastigiata*（Fisch.）DC.	多年生草本	湿中生	
727		香青属 *Anaphalis*	铃铃香青 *Anaphalis hancockii* Maxim.	多年生草本	中生	
728		碱菀属 *Tripolium*	碱菀 *Tripolium vulgare* Nees	一年生草本	湿中生	资料
729		蟹甲草属 *Parasenecio*	山尖子 *Cacalia hastata* L.	多年生草本	中生	
730		旋覆花属 *Inula*	欧亚旋覆花 *Inula britanica* L.	多年生草本	湿中生	
731			旋覆花 *Inula japonica* Thunb.	多年生草本	湿中生	
732		鸦葱属 *Scorzonera*	桃叶鸦葱 *Scorzonera sinensis* Lipsch. et Krasch.	多年生草本	中生	
733			细叶鸦葱 *Scorzonera albicaulis* Bge.	多年生草本	中生	
734			鸦葱 *Scorzonera ruprechtiana* Lipsch. et Krasch.	多年生草本	中生	资料
735		泽兰属 *Eupatorium*	泽兰 *Eupatorium lindleyanum* DC.	多年生草本	湿中生	资料
736		紫菀属 *Aster*	三褶脉紫菀 *Aster ageratoides* Turcz	多年生草本	中生	
737			紫菀 *Aster tataricus* L.	多年生草本	中生	资料
738	香蒲科 Typhaceae	香蒲属 *Typha*	香蒲 *Typha angustifolia* L.	多年生草本	水生	资料

（续）

序号	科名	属名	种名	生活型	生境	备注
739	眼子菜科 Potamogetonaceae	眼子菜属 *Potamogeton*	穿叶眼子菜 *Potamogeton malainus* Miq.	多年生沉水	水生	资料
740			篦齿眼子菜 *Potamogeton pectinatus* Linn.	多年生沉水	水生	资料
741			菹草 *Potamogeton crispus* L.	多年生草本	湿生	资料
742	禾本科 Gramineae	白茅属 *Imperata*	白茅 *Imperata cylindrica*（L.）Beauv.	多年生草本	中生	资料
743		稗属 *Echinochloa*	稗 *Echinochloa crusgalli*（L.）Beauv.	一年生草本	中生	
744			西来稗 *Echinochloa crusgallii* var. *zelayensis*(H. B. K.) Hitch.	一年生草本	湿中生	
745			无芒稗 *Echinochloa crusgallii* var. *mitis*（Pursh）Peterm.	一年生草本	湿中生	资料
746		草沙蚕属 *Tripogon*	草沙蚕 *Tripogon chinensis*（Franch.）Hack.	多年生草本	中生	资料
747		臭草属 *Melica*	臭草 *Melica scabrosa* Trin	多年生草本	中生	
748			大臭草 *Melica turczaninowiana* Ohwi	多年生草本	中生	
749			华北臭草 *Melica onoei* Franch. et Sav.	多年生草本	湿中生	资料
750			细叶臭草 *Melica radula* Franch.	多年生草本	旱中生	资料
751		大油芒属 *Spodiopogon*	大油芒 *Spodiopogon sibiricus* Trin.	多年生草本	中生	
752		鹅观草属 *Roegneria*	直穗鹅观草 *Roegneria turczauinovi*（Drob.）Nevski.	多年生草本	中生	资料
753			小株鹅观草 *Roegneria minor* Keng	多年生草本	中生	资料
754			鹅观草 *Roegneria kamoji* Ohwi	多年生草本	中生	
755			河北鹅观草 *Roegneria hondai* Kitag	多年生草本	中生	资料
756			毛盘鹅观草 *Roegneria barbicalla* Ohwi	多年生草本	中生	资料
757			缘毛鹅观草 *Roegneria pendulina* Nevski	多年生草本	中生	资料
758		拂子茅属 *Calamagrostis*	大拂子茅 *Calamagrostis macrolepis* Litv.	多年生草本	中生	资料
759			拂子茅 *Calamagrostis epigejos*（L.）Roth.	多年生草本	中生	资料
760		野青茅属 *Deyeuxia*	野青茅 *Deyeuxia arundinacea*（L.）Beauv.	多年生草本	湿中生	
761		狗尾草属 *Setaria*	狗尾草 *Setaria viridis*（L.）Beauv	一年生草本	中生	
762			紫穗狗尾草 *Setaria viridis*（L.）Beauv. var. purpurascens Maxim.	一年生草本	中生	资料
763			金狗尾草 *Setaria glauca*（L.）Beauv	一年生草本	中生	
764		寇芒草属 *Enneapogon*	冠芒草 *Enneapogon borealis*（Griseb.）Honda	一二年生草本	中生	资料
765		虎尾草属 *Chloris*	虎尾草 *Chloris virgata* Swartz.	一年生草本	中生	
766		画眉草属 *Eragrostis*	大画眉草 *Eragrostis cilianeniss*(ALL.) Link ex Vign－Lut.	一年生草本	中生	资料
767			画眉草 *Eragrostis pilosa*（L.）Beauv.	一年生草本	中生	资料
768		芨芨草属 *Achnatherum*	京芒草 *Achnatherum pelinense*（Hce.）Ohwi	多年生草本	中生	资料
769			羽茅 *Achnatherum sibiricum*（L.）Keng	多年生草本	中生	资料
770			朝阳芨芨草 *Achnatherum nakaii*（Honda）Tateoka	多年生草本	中生	资料
771			远东芨芨草 *Achnatherum extremiorientale*（Hara）Keng ex P. C. Kuo	多年生草本	中生	
772		菅草属 Themeda	黄背草 *Themeda japonica*（Willd.）C. Tanaka	多年生草本	中生	
773		剪股颖属 *Agrostis*	华北剪股颖 *Agrostis clavata* Trin.	多年生草本	湿中生	
774			小糠草 *Agrostis gigantea* Roth	多年生草本	中生	资料
775		荩草属 *Arthraxon*	荩草 *Arthraxon hispidus*（Thunb.）Maxino	一年生草本	湿中生	

（续）

序号	科名	属名	种名	生活型	生境	备注
776		细柄草属 *Capillipedium*	细柄草 *Capillipedium parviflorum*（R. Br.）Stapf.	多年生草本	中生	资料
777		孔颖草属 *Bothriochloa*	白羊草 *Bothriochloa ischaemum*（L.）Keng	多年生草本	中生	资料
778		赖草属 *Leymus*	赖草 *Leymus secalinum*（Georgi）Tzvel.	多年生草本	中生	资料
779			羊草 *Leymus chinensis*（Trin.）Tzvel	多年生草本	旱中生	资料
780		狼尾草属 *Pennisetum*	狼尾草 *Pennisetum alopecuroides*（L.）Spreng.	多年生草本	旱中生	资料
781		芦苇属 *Phragmites*	芦苇 *Phragmites australis*（Cav.）Trin. ex Steud.	多年生草本	湿中生	
782		乱子草属 *Muhlenbergia*	乱子草 *Muhlenbergia hugelii* Trin.	多年生草本	湿中生	资料
783		马唐属 *Digitaria*	马唐 *Digitaria sanguinalis*（L.）Scop.	一年生草本	中生	
784			止血马唐 *Digitaria ischaemum*（Schreb.）Muhlenb.	一年生草本	湿中生	资料
785		茅香属 *Hierochloe*	茅香 *Hierochloe odorata*（L.）Beauv.	多年生草本	湿中生	资料
786		披碱草属 *Elymus*	肥披碱草 *Elymus excelsus* Turcz.	多年生草本	中生	资料
787			披碱草 *Elymus dahuricus*（Turcz.）Nevski	多年生草本	中生	资料
788			圆柱披碱草 *Elymus cylindricus*（Franch.）Honda	多年生草本	中生	资料
789		落草属 *Koeleria*	落草 *Koeleria cristata*（L.）Pers.	多年生草本	中生	资料
790			芒落草 *Koeleria litvinowii* Dom.	多年生草本	中生	资料
791		求米草属 *Oplismenus*	求米草 *Oplismenus undulatifolius*（Ard.）Roem. et Schult.	一年生草本	中生	
792		三芒草属 *Aristida*	三芒草 *Aristida adscenionis* L.	一年生草本	旱中生	资料
793		三毛草属 *Trisetum*	西伯利亚三毛草 *Trisetum sibiricum* Rupr.	多年生草本	旱中生	资料
794		虱子草属 *Tragus*	虱子草 *Tragus berteronianus* Schult. Mant.	一年生草本	旱生	资料
795		双稃草属 *Diplachne*	双稃草 *Diplachne fusca*（L.）Beauv.	一年生草本	湿中生	资料
796	禾本科 Gramineae	菵草属 *Beckmannia*	菵草 *Beckmannia syzigachne*（Steud.）Fern.	一年生草本	湿中生	资料
797		蟋蟀草属 *Eleusine*	蟋蟀草 *Eleusine indica*（L.）Gaertn.	一年生草本	中生	
798		燕麦属 *Avena*	野燕麦 *Avena fatua* L.	一年生草本	中生	
799		羊茅属 *Festuca*	紫羊茅 *Festuca rubra* L.	多年生草本	旱中生	资料
800		野古草属 *Arundinella*	野古草 *Arundinella hirta*（Thub.）Tanaka	多年生草本	中生	
801		野黍属 *Eriochloa*	野黍 *Eriochloa villosa*（Thunb.）Kunth	一年生草本	中生	资料
802		异燕麦属 *Helictotrichon*	异燕麦 *Helictotrichon schellianum*（Hack.）Kitag	多年生草本	中生	资料
803		隐子草属 *Cleistogenes*	丛生隐子草 *Cleistogenes caespitosa* Keng	多年生草本	旱中生	
804			中华隐子草 *Cleistogenes chinensis*（Maxim）Keng	多年生草本	旱中生	
805		早熟禾属 *Poa*	恒山早熟禾 *Poa hengshanica* Keng.	多年生草本	中生	资料
806			林地早熟禾 *Poa nemoralis* L.	多年生草本	中生	资料
807			蔺状早熟禾 *Poa schoenites* Keng.	多年生草本	中生	资料
808			疏散早熟禾 *Poa subfastigiata* Trinius	多年生草本	中生	资料
809			西伯利亚早熟禾 *Poa sibirica* Rosev.	多年生草本	中生	资料
810			硬质早熟禾 *Poa sphondylodes* Trin.	多年生草本	中生	
811			早熟禾 *Poa annua* L.	一二年生草本	中生	资料
812			华灰早熟禾 *Poa botryoides* Trin. ex Roshev.	多年生草本	中生	资料
813			草地早熟禾 *Poa pratensis* L.	多年生草本	中生	none
814		针茅属 *Stipa*	阿尔泰针茅 *Stipa krylovii* Roshev.	多年生草本	中生	资料
815			大针茅 *Stipa grandis* P.	多年生草本	中生	资料
816		直芒草属 *Orthoraphium*	大叶直芒草 *Orthoraphium grandifolium*（Keng）Keng	多年生草本	中生	资料

（续）

序号	科名	属名	种名	生活型	生境	备注
817	莎草科 Cyperaceae	扁莎草属 *Pycreus*	红鳞扁莎 *Pycreus sanguinolentus*（Vahl）Nees	多年生草本	湿中生	资料
818		藨草属 *Scirpus*	扁杆藨草 *Scirpus planiculmis* Fr. Schidt	多年生草本	湿生	资料
819			藨草 *Scirpus triqueter* L.	多年生草本	湿生	资料
820			荆三棱 *Scirpus yagara* Ohwi.	多年生草本	中生	
821			水葱 *Scirpus tabernaemontani* Gmel.	多年生草本	湿生	资料
822		莎草属 *Cyperus*	扁穗莎草 *Cyperus compressus* Linn.	一年生草本	湿生	资料
823		薹草属 *Carex*	矮薹草 *Carex humilis* Leyss. var. *nana*（Levl. et Vant.）Ohwi	多年生草本	湿生	
824			矮生薹草 *Carex pumila* Thunb.	多年生草本	中生	资料
825			百花山毛薹草 *Carex capillaris* var. *pohuashanensis* Y.	多年生草本	中生	资料
826			多花薹草 *Carex karoi* Freyn	多年生草本	中生	
827			华北薹草 *Carex hancockiana* Maxim.	多年生草本	湿中生	资料
828			尖嘴薹草 *Carex leiorhyncha* Carex A. Mey.	多年生草本	湿生	资料
829			宽叶薹草 *Carex siderosticta* Hance.	多年生草本	湿中生	
830			麻根薹草 *Carex arnellii* Christ	多年生草本	中生	
831			披针叶薹草 *Carex lanceolata* Boott.	多年生草本	中生	
832			日本薹草 *Carex japonica* Thunb.	多年生草本	中生	资料
833			细叶薹草 *Carex rigescens*（Fr.）V. Krecz.	多年生草本	旱中生	资料
834			鸭绿薹草 *Carex jaluensis* Kom.	多年生草本	湿中生	资料
835			异鳞薹草 *Carex heterolepis* Bge.	多年生草本	湿中生	资料
836			翼果薹草 *Carex neurocarpa* Maxim.	多年生草本	湿生	资料
837			早春薹草 *Carex subpediformis*（KuK.）Suto et Suzuki	多年生草本	中生	
838			针叶薹草 *Carex onoei* Franch. et Sv.	多年生草本	中生	
839			溪水薹草 *Carex forficula* Franch. et Sav.	多年生草本	湿中生	
840			柄薹草 *Carex pediformis* C. A. Mey.	多年生草本	中生	资料
841			涝峪薹草 *Carex giraldiana* Kük.	多年生草本	中生	
842		飘拂草属 *Fimbristylis*	单穗飘拂草 *Fimbristylis subbispicata* Nees et Mey.	多年生草本	湿中生	资料
843		荸荠属 *Eleocharis*	针蔺 *Eleocharis valleculosa* Ohwi. f.	多年生草本	水生	资料
844	天南星科 Araceae	半夏属 *Pinellia*	半夏 *Pinellia ternata*（Thunb.）Breit.	多年生草本	湿中生	
845		天南星属 *Arisaema*	东北南星 *Arisaema amurense* Maxim.	多年生草本	中生	
846			异叶天南星 *Arisaema heterophyllum* Blume	多年生草本	中生	
847			一把伞南星 *Arisaema erubescens*（wall.）Schott.	多年生草本	湿中生	
848	鸭跖草科 Commelinaceae	鸭跖草属 *Commelina*	鸭跖草 *Commelina communis* L.	一年生草本	湿中生	
849		竹叶子属 *Streptolirion*	竹叶子 *Streptolirion volubile* Edgew.	一年生缠绕草本	中生	
850	灯心草科 Juncaceae	灯心草属 *Juncus*	细灯芯草 *Juncus gracilicaulis* A. Camus	多年生草本	湿中生	资料
851			小灯心草 *Juncus bufonius* L.	一年生草本	中生	资料
852			竹节灯心草 *Juncus turczaninowii*（Buch.）V. Krecz	多年生草本	湿中生	资料
853	百合科 Liliaceae	菝葜属 *Smilax*	草菝葜 *Smilax riparia* A. DC.	多年生草质藤本	中生	资料
854		百合属 *Lilium*	卷丹 *Lilium lancifolium* Thunb.	多年生草本	中生	
855			山丹 *Lilium pumilum* DC.	多年生草本	中生	
856			有斑百合 *Lilium concolor* Salisb. var. *pulchellum*（Fisch.）Regel	多年生草本	中生	

（续）

序号	科名	属名	种名	生活型	生境	备注
857	百合科 Liliaceae	葱属 *Allium*	长梗葱 *Allium neriniflorum*（Herb.）Baker.	多年生草本	旱中生	
858			茖葱 *Allium victorialis* L.	多年生草本	中生	
859			黄花葱 *Allium condensatum* Turcz.	多年生草本	中生	
860			小根蒜 *Allium macrostemon* Bunge	多年生草本	中生	
861			密花小根蒜 *Allium macrostemon* var. *uratensete*	多年生草本	中生	资料
862			球序韭 *Allium thunbergii* G. Don.	多年生草本	中生	
863			砂韭 *Allium bidentatum* Fisch. ex Prokh.	多年生草本	中生	资料
864			山韭 *Allium senescens* L.	多年生草本	中生	
865			细叶韭 *Allium tenuissimum* L.	多年生草本	中生	资料
866			天蓝韭 *Allium cyaneum* Regel	多年生草本	中生	资料
867		黄精属 *Polygonatum*	二苞黄精 *Polygonatum involucratum*（Franch. et Sav.）Maxim.	多年生草本	湿中生	
868			黄精 *Polygonatum sibiricum* Delar. ex Red.	多年生草本	中生	
869			轮叶黄精 *Polygonatum verticillatum*（L.）Ail.	多年生草本	中生	资料
870			热河黄精 *Polygonatum macropodium* Turcz.	多年生草本	中生	
871			小玉竹 *Polygonatum humile* Fisch. ex Maxim.	多年生草本	中生	
872			玉竹 *Polygonatum odoratum*（Mill）Druce.	多年生草本	湿中生	
873		藜芦属 *Veratrum*	藜芦 *Veratrum nigrum* L.	多年生草本	中生	
874		铃兰属 *Convallaria*	铃兰 *Convallaria majalis* L.	多年生草本	中生	
875		鹿药属 *Smilacina*	鹿药 *Smilacina japonica* A. Gray	多年生草本	湿中生	
876		顶冰花属 *Gagea*	小顶冰花 *Gagea hiensis* Pasch.	多年生草本	湿中生	
877		绵枣儿属 *Scilla*	绵枣儿 *Scilla scilloides*（Lindl.）Druce.	多年生草本	中生	资料
878		天门冬属 *Asparagus*	龙须菜 *Asparagus schoberioides* Kunth.	多年生草本	中生	
879			曲枝天门冬 *Asparagus trichophyllus* Bge.	多年生草本	中生	
880			兴安天门冬 *Asparagus dauricus* Fisch. ex Link.	多年生草本	旱中生	
881		舞鹤草属 *Maianthemum*	舞鹤草 *Maianthemum bifolium*（L.）F.	多年生草本	中生	
882		萱草属 *Hemerocallis*	黄花菜 *Hemerocallis citrina* Baroni.	多年生草本	中生	资料
883			小黄花菜 *Hemerocallis minor* Mill.	多年生草本	湿中生	
884		知母属 *Anemarrhena*	知母 *Anemarrhena asphodeloides* Bge.	多年生草本	中生	资料
885		重楼属 *Paris*	北重楼 *Paris verticillata* M. Bieb.	多年生草本	中生	
886	薯蓣科 Dioscoreaceae	薯蓣属 *Dioscorea*	穿山龙 *Dioscorea nipponica* Makino.	多年生草本	中生	
887	鸢尾科 Iridaceae	鸢尾属 *Iris*	矮紫苞鸢尾 *Iris ruthenica* var. *nana* Maxim.	多年生草本	旱中生	
888			马蔺 *Iris lactea* Pall. var. *chinensis*（Fisch.）Koidz.	多年生草本	中生	
889			野鸢尾 *Iris dichotoma* Pall.	多年生草本	旱中生	
890	兰科 Orchidaceae	杓兰属 *Cypripedium*	大花杓兰 *Cypripedium macronthum* Sw.	多年生草本	中生	
891			紫点杓兰 *Cypripedium guttatum* Sw.	多年生草本	中生	
892		凹舌兰属 *Coeloglossum*	凹舌兰 *Coeloglossum viride*（Linn.）Hartm. var. *bracteatum*（Willd.）Richt.	多年生草本	中生	资料
893		角盘兰属 *Herminium*	角盘兰 *Herminium monorchis* R. Br.	多年生草本	中生	
894		蜻蜓兰属 *Tulotis*	小花蜻蜓兰 *Tulotis ussuriensis*（Regel et Maack.）Hara	多年生草本	中生	资料

（续）

序号	科名	属名	种名	生活型	生境	备注
895	兰科 Orchidaceae	舌唇兰属 *Platanthera*	二叶舌唇兰 *Platanthera chlorantha* Cust. ex Rchb.	多年生草本	中生	
896		手参属 *Gymnadenia*	手参 *Gymnadenia conopsea*（L.）R.. Br.	多年生草本	中生	
897		对叶兰属 *Listera*	对叶兰 *Listera puberula* Maxim.	多年生草本	中生	
898		绶草属 *Spiranthes*	绶草 *Spiranthes sinensis*（Pers.）Ames.	多年生草本	中生	
899		沼兰属 *Malaxis*	沼兰 *Malaxis monophyllos*（L.）Sw.	多年生草本	中生	
900		鸟巢兰属 *Neottia*	北方鸟巢兰 *Neottia camtschatea*（L.）Rchb. f.	多年生腐生草本	中生	

注：备注中“资料”表示没有调查到，而是根据资料整理的物种名录，“栽*”表示该物种既有栽培种也有野生种。

附录2 河北大海陀自然保护区栽培植物、农作物名录

序号	科名	属名	种名	生活型	生境	备注
1	松科 Pinaceae	落叶松属 *Larix*	华北落叶松 *Larix principis - rupprechil* Mayr.	乔木	湿中生	栽*
2		松属 *Pinus*	油松 *Pinus tabulaeformis* Carr.	乔木	中生	栽*
3		云杉属 *Picea*	青杆 *Picea wilsonii* Mast.	常绿乔木	中生	栽
4			白杆 *Picea meyeri* Rehd. et Wils.	常绿乔木	中生	栽
5			红皮云杉 *Picea koraiensis* Nakai	常绿乔木	中生	栽
6	柏科 Cupressaceae	圆柏属 *Sabina*	圆柏 *Sabina chinensis* (L.) Ant.	常绿乔木	中生	栽
7		刺柏属 *Juniperus*	杜松 *Junipers rigida* Sieb. et Zucc.	常绿乔木	中生	栽
8		侧柏属 *Platycladus*	侧柏 *Platycladus orientalis* (Linn.) Franco	乔木	旱生	栽*
9	杨柳科 Salicaceae	柳属 *Salix*	旱柳 *Salix matsudana* Koidz.	乔木	湿中生	栽
10		杨属 *Populus*	北京杨 *Populus beijingensis* W. Y. Hsu	乔木	中生	栽
11			加杨 *Populus canadensis* Moench.	乔木	中生	栽
12	胡桃科 Juglandaceae	胡桃属 *Juglans*	胡桃 *Juglans regia* Linn.	乔木	中生	栽
13	榆科 Ulmaceae	榆属 *Ulmus*	榆 *Ulmus pumila* L.	乔木	中生	栽*
14	桑科 Moraceae	大麻属 *Cannabis*	大麻 *Cannabis sativa* L.	一年生草本	中生	栽*
15		桑属 *Morus*	桑 *Morus alba* Linn.	乔木	中生	栽
16	藜科 Chenopodiaceae	菠菜属 *Spinacia*	菠菜 *Spinacia oleracea* Linn.	一二年生草本	中生	农
17	紫茉莉科 Nyctaginaceae	紫茉莉属 *Mirabilis*	紫茉莉 *Mirabilis jalapa* Linn.	一年生草本	中生	栽
18	十字花科 Cruciferae	芸苔属 *Brassica*	擘蓝 *Brassica caulorapa* Pasq.	二年生草本	中生	农
19			芜菁 *Brassica rapa* Linn.	二年生草本	中生	农
20			白菜 *Brassica pekinensis* Rupr.	一二年生草本	中生	农
21			芥菜 *Brassica juncea* (L.) Czern. et Coss.	一年生草本	中生	农
22			卷心菜 *Brassica oleracea* L. var. *capitata* L.	一年生草本	中生	农
23			青菜 *Brassica chinensis* Linn.	一二年生草本	中生	农
24		萝卜属 *Raphanus*	萝卜 *Raphanus sativus* Linn.	一二年生草本	中生	农
25	蔷薇科 Rosaceae	梨属 *Pyrus*	西洋梨 *Pyrus communis* Linn. var. *sativa* (DC.) DC.	乔木	中生	栽
26			白梨 *Pyrus bretschneideri* Rehd.	乔木	中生	栽
27			褐梨 *Pyrus phaeocarpa* Rehd.	乔木	中生	栽
28		李属 *Prunus*	李 *Prunus salicina* Lindl.	乔木	中生	栽
29		樱属 *Cerasus*	毛樱桃 *Cerasus tomentosa* (Thunb.) Wall.	灌木	中生	栽
30			樱桃 *Cerasus pseudocerasus* (Lindl.) G. Don	乔木	中生	栽
31		桃属 *Amygdalus*	桃 *Amygdalus persica* L.	乔木	中生	栽
32		杏属 *Armeniaca*	杏 *Armeniaca vulgaris* Lam.	乔木	中生	栽

（续）

序号	科名	属名	种名	生活型	生境	备注
33	蔷薇科 Rosaceae	苹果属 *Malus*	苹果 *Malus pumila* Mill.	乔木	中生	栽
34		蔷薇属 *Rosa*	玫瑰 *Rosa rugosa* Thunb.	灌木	中生	栽
35		山楂属 *Crataegus*	山里红 *Crataegus pinnatifida* Bge. var. *major* N. E. Br.	乔木	中生	栽
36	豆科 Leguminosae	菜豆属 *Phaseolus*	菜豆 *Phaseolus vulgaris* Linn.	一年生缠绕草本	中生	农
37			红花菜豆 *Phaseolus coccineus* Linn.	一年生缠绕草本	中生	农
38			绿豆 *Phaseolus radiatus* Linn.	一年生草本	中生	农
39			大豆 *Glycine max*（Linn.）Merr.	一年生草本	中生	农
40		豇豆属 *Vigna*	豇豆 *Vigna sinensis*（Linn.）Endl.	一年生缠绕草本	中生	农
41		扁豆属 *Lablab*	扁豆 *Lablab purpureus*（Linn.）Sweet	一年生缠绕草本	中生	农
42		槐属 *Sophora*	槐 *Sophora japonica* Linn.	乔木	中生	栽
43		刺槐属 *Robinia*	刺槐 *Robinia pseudoacacia* Linn.	乔木	中生	栽
44		豌豆属 *Pisum*	豌豆 *Pisum sativum* Linn.	一二年生攀缘草本	中生	农
45		野豌豆属 *Vicia*	蚕豆 *Vicia faba* Linn.	一年生草本	中生	农
46	亚麻科 Linaceae	亚麻属 *Linum*	亚麻 *Linum usitatissimum* L.	一年生草本	旱中生	栽
47	芸香科 Rutaceae	花椒属 *Zanthoxylum*	花椒 *Zanthoxylum bungeanum* Maxim.	灌木	中生	栽
48	苦木科 Simaroubaceae	臭椿属 *Ailanthus*	臭椿 *Ailanthus altissima*（Mill.）Swingle	乔木	中生	栽
49	楝科 Meliaceae	香椿属 *Toona*	香椿 *Toona sinensis*（A. Juss.）Roem.	乔木	中生	栽
50	大戟科 Euphorbiaceae	蓖麻属 *Ricinus*	蓖麻 *Ricinus communis* Linn.	一年生草本	中生	农
51	卫矛科 Celastraceae	卫矛属 *Euonymus*	明开夜合 *Euonymus bungeanus* Maxim.	乔木	中生	栽
52	凤仙花科 Balsaminaceae	凤仙花属 *Impatiens*	凤仙花 *Impatiens balsamina* Linn.	一年生草本	中生	栽
53	鼠李科 Rhamnaceae	枣属 *Ziziphus*	枣 *Ziziphus jujuba* Mill.	乔木	中生	栽
54	葡萄科 Vitaceae	葡萄属 *Vitis*	葡萄 *Vitis vinifera* Linn.	木质藤本	中生	栽
55	锦葵科 Malvaceae	锦葵属 *Malva*	冬寒菜 *Malva crispa* L.	二年生草本	中生	栽
56			锦葵 *Malva sinensis* Cav.	二、多年生草本	中生	栽
57		蜀葵属 *Althaea*	蜀葵 *Althaea rosea*（Linn.）Cav.	多年生草本	中生	栽
58	伞形科 Umbelliferae	胡萝卜属 *Daucus*	胡萝卜 *Daucus carota* Linn. var. *sativus* Hoffm.	二年生草本	中生	农
59		芫荽属 *Coriandrum*	芫荽 *Coriandrum sativum* Linn.	一年生草本	中生	农
60		芹属 *Apium*	芹菜 *Apium graveolens* Linn.	一二年生草本	中生	农
61	唇形科 Labiatae	紫苏属 *Perilla*	紫苏 *Perilla frutescens*（Linn.）Britt.	一年生草本	中生	栽
62	茄科 Solanaceae	枸杞属 *Lycium*	枸杞 *Lycium chinense* Mill.	灌木	旱中生	栽
63		番茄属 *Lycopersicon*	番茄 *Lycopersicon esculentum* Mill.	一年生草本	中生	农
64		番薯属 *Ipomoea*	马铃薯 *Solanum tuberosum* Linn.	一年生草本	中生	农
65			茄 *Solanum melongena* Linn.	一年生草本	中生	农
66			红果龙葵 *Solanum alatum* Moench	多年生草本	中生	栽
67		辣椒属 *Capsicum*	辣椒 *Capsicum annuum* Linn.	一年生草本	中生	农
68		烟草属 *Nicotiana*	烟草 *Nicotiana tabacum* Linn.	一年生草本	中生	农

（续）

序号	科名	属名	种名	生活型	生境	备注
69	葫芦科 Cucurbitaceae	黄瓜属 *Cucumis*	黄瓜 *Cucumis sativus* Linn.	一年生草本	中生	农
70		西瓜属 *Citrullus*	西瓜 *Citrullus lanatus*（Thunb.）Mansfeld	一年生草本	中生	农
71		南瓜属 *Cucurbita*	南瓜 *Cucurbita moschata*（Duch.）Poir.	一年生草本	中生	农
72			西葫芦 *Cucurbita pepo* Linn.	一年生草本	中生	农
73	菊科 Compositae	菊属 *Dendranthema*	菊花 *Dendranthema morifolium*（Ramat.）Tzvel.	多年生草本	中生	栽
74		万寿菊属 *Tagetes*	红黄草 *Tagetes patula* Linn.	一年生草本	中生	栽
75		金盏花属 *Calendula*	金盏花 *Calendula officinalis* Linn.	一年生草本	中生	栽
76		向日葵属 *Helianthus*	向日葵 *Helianthus annuus* Linn.	一年生草本	中生	农
77			菊芋 *Helianthus tuberosus* Linn.	多年生草本	中生	栽
78		大丽花属 *Dahlia*	大丽花 *Dahlia pinnata* Cav.	多年生草本	中生	栽
79		秋英属 *Cosmos*	秋英 *Cosmos biplinnatus* Cav.	一年生草本	中生	栽
80	禾本科 Gramineae	小麦属 *Triticum*	小麦 *Triticum aestivum* Linn.	一年生草本	中生	农
81		狗尾草属 *Setaria*	粟 *Setaria italica* var. *germanica*（Mill.）Schred.	一年生草本	中生	农
82		高粱属 *Sorghum*	高粱 *Sorghum vulgare* Pers.	一年生草本	中生	农
83		大麦属 *Hordeum*	大麦 *Hordeum vulgare* Linn.	一年生草本	中生	农
84		黍属 *Panicum*	黍 *Panicum miliaceum* Linn.	一年生草本	中生	农
85		燕麦属 *Avena*	燕麦 *Avena sativa* Linn.	一年生草本	中生	农
86			莜麦 *Avena nuda* Linn.	一年生草本	中生	农
87		玉蜀黍属 *Zea*	玉蜀黍 *Zea mays* Linn.	一年生草本	旱中生	农
88	百合科 Liliaceae	葱属 *Allium*	韭菜 *Allium tuberosum* Rottl. ex Spreng.	多年生草本	中生	农
89			葱 *Allium fistulosum* Linn.	多年生草本	中生	农
90			蒜 *Allium sativum* Linn.	多年生草本	中生	农
91		萱草属 *Hemerocallis*	萱草 *Hemerocallis fulva*（L.）L.	多年生草本	中生	栽
92	鸢尾科 Iridaceae	射干属 *Belamcanda*	射干 *Belamcanda chinensis*（Linn.）DC.	多年生草本	中生	栽
93		鸢尾属 *Iris*	鸢尾 *Iris tectorum* Maxim.	多年生草本	中生	栽

注：备注中“农”表示该种为农作物，“栽”表示该种为人工栽培种，“栽*”表示该种既有栽培种也有野生种。

附录3　河北大海陀自然保护区野生脊椎动物名录

序号	科名	属名	种名	保护级别
		兽　类		
1	食虫目 Insectivora	猬科 Erinaceidae	东北刺猬 *Erinaceus amurensis*	
2	兔形目 Lagomorpha	兔科 Leporidae	托氏兔 *Lepus tolai*	
3	啮齿目 Rodentia	松鼠科 Sciuridae	花鼠 *Eutamias sibiricus*	
4			岩松鼠 *Sciurrotamias davidianus*	
5			褐家鼠 *Rattus norvegicus*	
6		鼠科 Muridae	北社鼠 *Niviventer confucianus*	
7			小家鼠 *Mus musculus*	
8			大林姬鼠 *Apodemus peninsulae*	
9			黑线姬鼠 *Apodemus agrarius*	
10		仓鼠科 Cricetidae	长尾仓鼠 *Cricetulus longicaudatus*	
11	食肉目 Insectovora	犬科 Canidae	貉 *Nyctereutesprocyonoides*	
12			狼 *Canis lupus*	
13		鼬科 Mustelidae	黄鼬 *Mustela sibirica*	
14			狗獾 *Meles meles*	
15			猪獾 *Arctonys collaris*	
16			艾鼬 *Mustela eversmanni*	
17		猫科 Felidae	豹猫 *Felis bengalensis*	
18			猞猁 *Lynx lynx*	Ⅱ
19		灵猫科 Viverridae	果子狸 *Paguma larvata*	
20	偶蹄目 Artiodaxtyla	猪科 *Suidae*	野猪 *Sus scrofa*	
21		鹿科 Cervidae	狍 *Capreolus capreolus*	
22		牛科 Bovidae	斑羚 *Naemorhedus goral*	Ⅱ
		鸟　类		
1	䴙䴘目 Podicipediformes	䴙䴘科 Podicipedidae	小䴙䴘 *Tachybapus ruficollis*	
2	鹳形目 Ciconiiformes	鹭科 Ardeidae	池鹭 *Ardeola bacchus*	
3		鹳科 Ciconiidae	黑鹳 *Ciconia nigra*	Ⅰ
4	鸻形目 Charadriiformes	鹬科 Scolopacidae	白腰草鹬 *Tringa ochropus*	
5	雁形目 Anseriformes	鸭科 Anatidae	鸳鸯 *Aix galericulata*	Ⅱ
6			绿头鸭 *Anas platyrhynchos*	
7	隼形目 Falconiformes	鹰科 Accipitridae	黑鸢 *Milvus migrans*	Ⅱ
8			秃鹫 *Aegypius monachus*	Ⅱ
9			金雕 *Aquila chrysaetos*	Ⅰ
10			白尾鹞 *Circus cyaneus*	Ⅱ
11			日本松雀鹰 *Accipiter gularis*	Ⅱ

（续）

序号	目名	科名	种名	保护级别
12	隼形目 Falconiformes	鹰科 Accipitridae	雀鹰 *Accipiter nisus*	Ⅱ
13			苍鹰 *Accipiter gentilis*	Ⅱ
14			普通鵟 *Buteo buteo*	Ⅱ
15		隼科 Falconidae	红隼 *Falco tinnunculus*	Ⅱ
16			红脚隼 *Falco amurensis*	Ⅱ
17			灰背隼 *Falco columbarius*	Ⅱ
18			燕隼 *Falco subbuteo*	Ⅱ
19	鸡形目 Galliformes	雉科 Phasianidae	日本鹌鹑 *Coturnix japonica*	
20			雉鸡 *Phasianus colchicus*	
21			勺鸡 *Pucrasia macrolopha*	Ⅱ
22			斑翅山鹑 *Perdix dauuricae*	
23	鸽形目 Columbiformes	鸠鸽科 Columbidae	岩鸽 *Columba rupestris*	
24			山斑鸠 *Streptopelia orientalis*	
25			珠颈斑鸠 *Streptopelia chinensis*	
26			火斑鸠 *Streptopelia tranquebarica*	
27			灰斑鸠 *Streptopelia decaocto*	
28	鹃形目 Cuculiformes	杜鹃科 Cuculidae	鹰鹃 *Hierococcyx sparverioides*	
29			四声杜鹃 *Cuculus micropterus*	
30			大杜鹃 *Cuculus canorus*	
31			中杜鹃 *Cuculus saturatus*	
32	鸮形目 Strigiformes	鸱鸮科 Strigidae	红角鸮 *Otus sunia*	Ⅱ
33			雕鸮 *Bubo bubo*	Ⅱ
34			纵纹腹小鸮 *Athene noctua*	Ⅱ
35	夜鹰目 Caprimulgiformes	夜鹰科 Caprimulgidae	普通夜鹰 *Caprimulgus indicus*	
36	佛法僧目 Coraciiformes	翠鸟科 Alcedinidae	普通翠鸟 *Alcedo atthis*	
37			冠鱼狗 *Megaceryle lugubris*	
38	戴胜目 Upupiformes	戴胜科 Upupidae	戴胜 *Upupa epops*	
39	䴕形目 Piciformes	啄木鸟科 Picidae	白背啄木鸟 *Dendrocopos leucotos*	
40			大斑啄木鸟 *Dendrocopos major*	
41			灰头绿啄木鸟 *Picus canus*	
42			星头啄木鸟 *Dendrocopos canicapillus*	
43			小星头啄木鸟 *Dendrocopos kizuki*	
44			小斑啄木鸟 *Dendrocopos minor*	
45	雀形目 Passeriformes	百灵科 Alaudidae	云雀 *Alauda arvensis*	
46		燕科 Hirundinidae	家燕 *Hirundo rustica*	
47			金腰燕 *Cecropis daurica*	
48			岩燕 *Ptyonoprogne rupestris*	
49		鹡鸰科 Motacillidae	白鹡鸰 *Motacilla alba*	
50			灰鹡鸰 *Motacilla cinerea*	
51			山鹡鸰 *Dendronanthus indicus*	

（续）

序号	目名	科名	种名	保护级别
52	雀形目 Passeriformes	鹡鸰科 Motacillidae	田鹨 *Anthus richardi*	
53			树鹨 *Anthus hodgsoni*	
54		山椒鸟科 Campephagidae	长尾山椒鸟 *Pericrocotus ethologus*	
55		鹎科 Pycnonotidae	白头鹎 *Pycnonotus sinensis*	
56		太平鸟科 Bombycillidae	大太平鸟 *Bombycilla garrulous*	
57		伯劳科 Laniidae	红尾伯劳 *Lanius cristatus*	
58		黄鹂科 Oriolidae	黑枕黄鹂 *Oriolus chinensis*	
59		卷尾科 Dicrurudae	黑卷尾 *Dicrurus macrocercus*	
60		椋鸟科 Sturnidae	灰椋鸟 *Sturnus cineraceus*	
61		鸦科 Corvidae	松鸦 *Garrulus glandarius*	
62			灰喜鹊 *Cyanopica cyana*	
63			红嘴蓝鹊 *Urocissa erythrorhyncha*	
64			喜鹊 *Pica pica*	
65			红嘴山鸦 *Pyrrhocorax pyrrhocorax*	
66			达乌里寒鸦 *Corvus dauuricus*	
67			大嘴乌鸦 *Corvus macrorhynchos*	
68			小嘴乌鸦 *Corvus corone*	
69			星鸦 *Nucifraga caryocatactes*	
70		鹪鹩科 Troglodytidae	鹪鹩 *Troglodytes troglodytes*	
71		岩鹨科 Prunellidea	棕眉山岩鹨 *Prunella montanella*	
72		鸫科 Turdidae	斑鸫 *Turdus naumanni*	
73			白眉鸫 *Turdus obscurus*	
74			宝兴歌鸫 *Turdus mupinensis*	
75			紫啸鸫 *Myophonus caeruleus*	
76			红胁蓝尾鸲 *Tarsiger cyanurus*	
77			北红尾鸲 *Phoenicurus auroreus*	
78			红尾水鸲 *Rhyacornis fuliginosus*	
79			黑喉石䳭 *Saxicola torquata*	
80		鹟科 Muscicapidae	黄眉姬鹟 *Ficedula narcissina*	
81			白眉姬鹟 *Ficedula zanthopygia*	
82			红喉姬鹟 *Ficedula albicialla*	
83		画眉科 Timaliidae	山噪鹛 *Garrulax davidi*	
84		鸦雀科 Paradoxornithidae	棕头鸦雀 *Paradoxornis webbianus*	
85		扇尾莺科 Cisticolidae	山鹛 *Rhopophilus pekinensis*	
86		莺科 Sylviidae	鳞头树莺 *Urosphena squameicepa*	
87			远东树莺 *Cettia canturians*	
88			黄腰柳莺 *Phylloscopus proregulu*	
89			云南柳莺 *Phylloscopus yunnanensis*	
90			极北柳莺 *Phylloscopus borealis*	
91			冕柳莺 *Phylloscopus coronatus*	

（续）

序号	目名	科名	种名	保护级别
92	雀形目 Passeriformes	莺科 Sylviidae	褐柳莺 *Phylloscopus fuscatus*	
93			巨嘴树莺 *Phylloscopus schwarzi*	
94			淡眉柳莺 *Phylloscopus humei*	
95			冠纹柳莺 *Phylloscopus reguloides*	
96		长尾山雀科 Aegithalidae	银喉长尾山雀 *Aegithalos caudatus*	
97		山雀科 Paridae	沼泽山雀 *Parus palustris*	
98			北褐头山雀 *Parus montanus*	
99			黄腹山雀 *Parus venustulus*	
100			大山雀 *Parus major*	
101			煤山雀 *Parus ater*	
102		鳾科 Sittidae	普通鳾 *Sitta europaea*	
103			黑头鳾 *Sitta villosa*	
104		雀科 Passeridae	(树)麻雀 *Passer montanus*	
105			山麻雀 *Passer rutilans*	
106		燕雀科 Fringillidae	燕雀 *Fringilla montifringilla*	
107			金翅雀 *Carduelis sinica*	
108			黄雀 *Carduelis spinus*	
109			白腰朱顶雀 *Carduelis flammea*	
110			普通朱雀 *Carpodacus erythrinus*	
111			北朱雀 *Carpodacus roseus*	
112			红眉朱雀 *Carpodacus pulcherrimus*	
113		鹀科 Emberizidae	灰眉岩鹀 *Emberiza godlewskii*	
113			灰头鹀 *Emberiza spodocephala*	
114			三道眉草鹀 *Emberiza cioides*	
116			小鹀 *Emberiza pusilla*	
117			田鹀 *Emberiza rustica*	
118			黄喉鹀 *Emberiza elegans*	
119			白头鹀 *Emberiza leucocephalos*	
120			黄眉鹀 *Emberiza chrysophrys*	
爬行类				
1	蜥蜴目 Lacertilia	壁虎科 Gekkonidae	无蹼壁虎 *Gekko swinhonis*	
2		蜥蜴科 Lacertidae	丽斑麻蜥 *Eremias argus*	
3			山地麻蜥 *Eremias brenchleyi*	
4	蛇目 Serpentes	游蛇科 Colubridae	白条锦蛇 *Elaphe dione*	
5			虎斑颈槽蛇 *Rhabdophis tigrinus*	
6			黄脊游蛇 *Coluber spinalis*	
7		蝰蛇科 Viperidae	中介蝮 *Gloydius intermedius*	
两栖类				
1	无尾目 Anura	蟾蜍科 Bufonidae	中华蟾蜍 *Bufo gargarizans*	
2		蛙科 Ranidae	黑斑蛙 *Rana nigromaculata*	
3			中国林蛙 *Rana chensinensis*	

（续）

序号	目名	科名	种名	保护级别
		鱼　类		
1	鲤形目 Cypriniformes	鲤科 Cyprinidae	鲤 *Cyprinus carpio*	
2			鲫 *Carassius auratus*	
3			棒花鱼 *Abbottina rivularis*	
4		鳅科 Cobitidae	草鱼 *Ctenopharyngodon idellus*	
5			洛氏鲹 *Phoxinus lagowskii*	
6			鲢 *Hypophthalmichthys molitrix*	
6		鲤科 Cyprinidae	鳙 *Aristichthys nobilis*	
8			北方条鳅 *Nemachilus nudus*	
9			北方花鳅 *Cobitis granoci*	
10			泥鳅 *Misgurnus anguillicaudatus*	

注：Ⅰ、Ⅱ分别代表国家Ⅰ级、Ⅱ级重点保护野生动物。

附录4 河北大海陀自然保护区大型真菌名录

序号	科名	属名	种名	分布群落类型	攀附基质
1	白蘑科 Tricholomataceae	杯伞属 *Clitocybe*	棒柄杯伞 *Clitocybe clavipes*（Pers.）Fr.	核桃楸林	土坡
2			杯伞 *Clitocybe infundibuliformis*（Schaeff.：Fr.）Quel	五角枫林	土坡
3			芳香杯伞 *Clitocybe fragrans* Sowerby	平榛、毛榛灌丛	土坡
4			粉白霜杯伞 *Clitocybe dealbata* var. sudorifa Pk.	大果榆林	土坡
5			粉肉色杯伞 *Clitocybe leucodiatreta* Bon.	东陵八仙花灌丛	土坡
6			黄白杯伞 *Clitocybe gilva*（Pers.：Fr.）Kummer	土庄绣线菊灌丛	土坡
7			肉色杯伞 *Clitocybe geotropa*（Fr.）Quel.	落叶松林	
8			石楠杯伞 *Clitocybe ericetorum* Bull. ex Quel	油松林	
9			水粉伞菌 *Clitocybe nebularis*（Batsch.）Kummer	大果榆林	土坡
10			条缘灰杯伞 *Clitocybe expallens*（Pers.：Fr.）Kummer.	五角枫林	土坡
11			小白杯伞 *Clitocybe candicans*（Pers. Fr）Kummer	平榛、毛榛灌丛	土坡
12		假杯伞属 *Pseudoclitocybe*	假灰杯伞 *Pseudoclitocybe cyathiformis*（Bull.：Fr.）Sing.	平榛、毛榛灌丛	土坡
13		金钱菌属 *Collybia*	堆金钱菌 *Collybia acervata*（Fr.）Kummer		
14			褐黄金钱菌 *Collybia luteifolia* Gill.	小花溲疏灌丛	土坡
15			堇紫金钱菌 *Collybia iocephala*（Berk. &M. A. Curt.）Singer		
16			栎金钱菌 *Collybia dryphila*（Bull.：Fr.）Quel	胡枝子灌丛	土坡
17			乳酪金钱菌 *Collybia butyracea*（Bull.：Fr.）Quel.	白桦林	土坡
18			靴状金钱菌 *Collybia peronata*（Bolt.：Fr.）Kumm.	山杨林	土坡
19		口蘑属 *Tricholoma*	闪光口蘑 *Tricholoma resplendens*（Fr.）Karst	核桃楸林	土坡
20		蜡蘑属 *Laccaria*	酒色辣蘑 *Laccaria vinaceoavellanea* Hongo	黄桦林	土坡
21			条柄蜡蘑 *Laccaria proxima*（Boud.）Pat	草坡	土坡
22		离褶伞属 *Lyophyllum*	褐离褶伞 *Lyophyllum fumosum*（Pers.：Fr.）P. D. Orton	大果榆林	土坡
23		蜜环菌属 *Armillaria*	白黄蜜环菌 *Armillaria albolanaripes* Atk.	草坡	土坡
24			蜜环菌 *Armillaria mella*（Vahl.：Fr.）Karst.	五角枫林	土坡
25		铦囊菇属 *Melanoleuca*	灰褐铦囊蘑 *Melanoleuca paedida*（Fr.）Kuhn. &Mre.	白桦林	土坡
26			近条柄铦囊菇 *Melanoleuca substrictipes* Kuhn	核桃楸林	土坡
27			铦囊蘑 *Melanoleca cognata*（Fr.）Konr. et Maubul.	草坡	土坡

（续）

序号	科名	属名	种名	分布群落类型	攀附基质
28	白蘑科 Tricholomataceae	微皮伞属 *Marasmiellus*	纯白微皮伞 *Marasmiellus candidus*（Bolt.）Sing	黄桦林	土坡
29		香蘑属 *Lepista*	粉紫香蘑 *Lepista personata*（Fr.：Fr.）Sing	草坡	土坡
30			浓香蘑 *Lepista gravelens*（Peck）Murata	大果榆林	土坡
31		小奥德蘑属 *Oudemansiella*	长根菇 *Oudemansiella radicata*（Relh.：Fr.）Sing.		
32		小菇属 *Mycena*	白弱小菇 *Mycena osmundicola* J. E. Large	草坡	土坡
33			粉色小菇 *Mycena rosea*（Bull.）Gramberg	黑桦林	土坡
34			粉紫小菇 *Mycena inclinata*（Fr.）Quel	土庄绣线菊灌丛	土坡
35			沟纹小菇 *Mycenaabramsii* Murr.	白桦林	
36			褐小菇 *Mycena alcalina*（Fr.）Quel	黄桦林	土坡
37			灰褐小菇 *Mycena amygdalia*（Pers.）Singer	平榛、毛榛灌丛	土坡
38			铅灰色小菇 *Mycena leptocephala*（Pers.：Fr.）Gillet	黄桦林	土坡
39			全紫小菇 *Mycena holoporphyra*（B. et C.）Sing	核桃楸林	土坡
40		小皮伞属 *Marasmius*	大盖小皮伞 *Marasmius maximus* Hongo	黄桦林	土坡
41			琥珀小皮伞 *Marasmius siccus*（Schw.）Fr.	黄桦林	土坡
42			栎小皮伞 *Marasmius dryophilus*（Bull.：Fr.）Karst	小花溲疏灌丛	土坡
43			膜盖小皮伞 *Marasmius cohortalis* Bael. var. *hymeniicephalus*（Speg.）Sing	草坡	土坡
44			绒柄小皮伞 *Marasmius confluens*（Pers.：Fr.）Karst	山杨林	
45			叶生小皮伞 *Marasmius epiphyllus*（Pers.：Fr.）Fr.	草坡	土坡
46			硬柄小皮伞 *Marasmius oreades*（Bolt.：Fr.）Fr.	草坡	
47		斜盖伞属 *Clitopilus*	丛生斜盖伞 *Clitopilus caespitosus* PK.	大果榆林	土坡
48		桩菇属 *Leucopaxillus*	白桩菇 *Leucopaxillus candidus*（Bres.）Sing.	山杏灌丛，鼠李灌丛	
49			大白桩菇 *Leucolaxillus giganteus*（Sow.：Fr.）Sing		
50			奇异大白桩菇 *Leucopaxillus parodoxus*（Const. er Duf.）Bours.	蒙古栎林	土坡
51	蜡伞科 Hygrophoraceae	蜡伞属 *Hyprophorus*	纯白蜡伞 *Hygrophorus ligatus* Fr.	黄桦林	土坡
52			浅黄褐蜡伞 *Hygrophorus leucophaeus*（Scop.）Fr.	山杏灌丛	土坡
53			肉色蜡伞 *Hygrophorus pacificus* Smith & Hesl	草坡	土坡
54			乳白蜡伞 *Hygrophorus hedrychii* Vel.	核桃楸林	土坡
55		湿伞属 *Hygrocybe*	变黑蜡伞 *Hygrocybe conica*（Scop.：Fr.）Fr.	五角枫林	土坡
56			粉粒红湿伞 *Hygrocybe helobia*（Arnolds）Bon	草坡	土坡
57	蘑菇科 Agaricaceae	白环菇属 *Leucoagaricus*	纯白环菇 *Leucoagaricus pudicus* Sing	土庄绣线菊灌丛	土坡
58			裂皮白环菇 *Leucoagaricus excoriatus*（Schaeff.：Fr.）Sing	路边	

（续）

序号	科名	属名	种名	分布群落类型	攀附基质
59	蘑菇科 Agaricaceae	环柄菇属 *Lepiota*	冠状环柄菇 *Lepiota cristata*（Bolt.：Fr.）Quel.	大果榆林	土坡
60			红顶环柄菇 *Lepiota gracilenta*（Krombh.）Quel.	油松林	土坡
61			天鹅色环柄菇 *Lepiota cygnea* J. Lange	丁香灌丛	土坡
62			小褐环柄菇 *Lepiota sericea*（Cooke）Huijsman	草坡	土坡
63			梭孢环柄菇 *Lepiota ventriosospora*（Schw.）Sing	土庄绣线菊灌丛	土坡
64		蘑菇属 *Agaricus*	白林地蘑菇 *Agaricus silvicola*（Vitt.）Satt.	油松林	土坡
65			白磷蘑菇 *Agaricus bernardii*（Quel.）Sacc.		土坡
66			大紫蘑菇 *Agaricus augustus* Fr.		
67			粒鳞暗顶蘑菇 *Agaricus caribaeus* Pegler	土庄绣线菊灌丛	土坡
68			球基蘑菇 *Agaricus abrubptibulbus* Peck		
69			双环林地蘑菇 *Agaricus placomyces* Peck	五角枫林	土坡
70			细褐磷蘑菇 *Agaricus praeclaresquamosus* Freeman	山杏灌丛	土坡
71			野蘑菇 *Agaricus arvensis* Schaeff.：Fr.	草坡	树干
72			紫红蘑菇 *Agaricus subrutilescens*（Kauffm.）Hotson et Stuntz	大果榆林	土坡
73	牛肝菌科 Boletaceae	粉牛肝菌属 *Pulveroboletus*	红管粉牛肝菌 *Pulveroboletus amarellus*（Quel.）Bat.	山杏灌丛	土坡
74			朱红粉末牛肝菌 *Pulveroboletus auriflammeus*（Berk. et Curt.）Sing	草坡	土坡
75		牛肝菌属 *Boletus*	华丽牛肝菌 *Boletus magnificus* Chiu	山杏灌丛	土坡
76			金黄柄牛肝菌 *Boletus auripes* Peck		
77			美味牛肝菌 *Boletus edulis* Bull.：Fr.		
78			紫红牛肝菌 *Boletus purpureus* Fr.		
79		绒盖牛肝菌属 *Xerocomus*	红绒盖牛肝菌 *Xerocomus chrysenteron*（Bull.：Fr.）Quel	小花溲疏灌丛	土坡
80		疣柄牛肝菌属 *Leccinum*	橙黄疣柄牛肝菌 *Leccinum aurantiacum*（Bull.）Gray	胡枝子灌丛	土坡
81			褐疣柄牛肝菌 *Leccinum scabrum*（Bull.：Fr.）Gray	平榛、毛榛灌丛	土坡
82			灰疣柄牛肝菌 *Leccinum griseum*（Quel.）Sing.	山杨林、白桦林	
83			栎疣柄牛肝菌 *Leccinum quercinum*（Pil.）Pil.		土坡
84			赭黄疣柄牛肝菌 *Leccinum oxydabile*（Sing.）Sing.	路边	
85		粘盖牛肝菌属 *Suillus*	短柄粘盖牛肝菌 *Suillus brevipes*（Peck）Sing.	油松林	土坡
86			褐环粘盖牛肝菌 *Suillusluteus*（L.：Fr.）Gray	油松林	土坡
87			灰环粘盖牛肝菌 *Suillus laricinus*（Berk. in Hook.）O. Kuntze	山杨林	土坡
88			铜绿乳牛肝菌 *Suillus aeruginascens*（Secr.）Snell	平榛、毛榛灌丛	土坡
89			腺柄粘盖牛肝菌 *Suillus glandulosipes* Sm. et Th.	土庄绣线菊灌丛	土坡

（续）

序号	科名	属名	种名	分布群落类型	攀附基质
90	红菇科 Russulaceae	红菇属 *Russula*	赤黄红菇 *Russula compacta* Frost & Peck		
91			臭黄菇 *Russula foetens* Pers.：Fr.	胡枝子灌丛	土坡
92			大白菇 *Russula delica* Fr.	榆树林	
93			粉红菇 *Russula subdepallens* Peck	五角枫林	土坡
94			红色红菇 *Russula rosea* Quel.	蒙古栎林	土坡
95			花盖红菇 *Russula cyanoxantha* Schaeff.：Fr.	胡枝子灌丛	土坡
96			黄斑红菇 *Russula aurata*（With.）Fr.	白桦林	土坡
97			酒红色红菇 *Russula abscure* Romell		
98			绿菇 *Russula virescens*（Schaeff. ex Zanted.）Fr.	山杨林	土坡
99			玫瑰红菇 *Russula rosacea*（Bull.）Fr.	山杨林	
100			俏红菇 *Russula pulchella* Borszez.	杂木林	
101			山毛榉毒红菇 *Russula emetic* var. *fageticola* Melz.		
102			叶绿红菇 *Russula heterophylla*（Fr.）Fr.	胡枝子灌丛	土坡
103		乳菇属 *Lactarius*	红汁乳菇 *Lactarius hatsudake* Tanaka	草坡	土坡
104			松乳菇 *Lactarius delicious*（L.：Fr.）Gray	山杨林、白桦林	
105			亚绒白乳菇 *Lactarius subvellerreus* Peck	草坡	土坡
106	鹅膏菌科 Amanitaceae	鹅膏菌属 *Amanita*	白毒鹅膏菌 *Amanita verna*（Bull.：Fr.）Pers. ex Vitt.	路边	
107			毒鹅膏菌 *Amanita phalloides*（Vaill.：Fr.）Secr.	蒙古栎林	土坡
108			毒蝇鹅膏菌 *Amanita muscaria*（L.：Fr.）Pers. ex Hook.		
109			黄毒蝇鹅膏菌 *Amanita flavoconia* Alk.		
110			芥黄鹅膏菌 *Amanita subjunquillea* Imai	大叶白蜡灌丛	土坡
111			亚球鹅膏菌 *Amanita subglobosa* Zhu L. Yang	杂木林	
112		黏伞属 *Limacella*	斑黏伞 *Limacella guttata*（Pers.）Konrad & Maubl	草坡	土坡
113	光柄菇科 Pluteaceae	光柄菇属 *Pluteus*	粉褐光柄菇 *Pluteus depauperatus* Rom.	黄桦林	土坡
114			长条纹光柄菇 *Pluteus* longistriatus Pk	土庄绣线菊灌丛	土坡
115	球盖菇科 Strophariaceae	韧伞菌属 *Naematoloma*	簇生黄韧伞 *Naematoloma fasciculare*（Pers.：Fr.）Sing	草坡	土坡
116	鬼伞科 Coprinaceae	斑褶菇属 *Anellaria*	白斑褶菇 *Anellaria antillarum*（Berk.）Sing	草坡	土坡
117		脆柄菇属 *Psathyrella*	草地小脆柄菇 *Psathyrella campestris*（Earl.）Smith	大花溲疏灌丛	土坡
118			亚美尼亚小脆柄菇 *Psathyrella armeniaca* Pegler	核桃楸林	土坡
119		鬼伞属 *Coprinus*	灰盖鬼伞 *Coprinus cinereus*（Schaeff.：Fr.）S. F. Gray	黄桦林	土坡
120			晶粒鬼伞 *Coprinus micaceus*（Bull.）Fr.	黑桦林	土坡
121			小射纹鬼伞 *Coprinus patouillardi* Quel	草坡	土坡
122		花褶伞属 *Panaeolus*	粪生花褶伞 *Panaeolus fimicola* Fr.	草坡	土坡
123			花褶伞 *Panaeolus retirugis* Fr.	草坡	粪土

（续）

序号	科名	属名	种名	分布群落类型	攀附基质
124	鬼伞科 Coprinaceae	花褶伞属 *Panaeolus*	黏盖花褶伞 *Panaeolus phalenarum*（Fr.）Quel	小花溲疏灌丛	土坡
125			钟形斑褶菇 *Panaeolus campanulatus*（L.）Fr.	山杨林、白桦林	粪土
126	丝膜菌科 Cortinariaceae	鳞伞属 *Rozites*	皱盖罗鳞伞 *Rozites caperata*（Pers.：Fr.）Karst.	杂木林	
127		裸伞属 *Gymnopilus*	赭黄裸伞 *Gymnopilus penetrans*（Fr.：Fr.）Murr	蒙古栎林	土坡
128		丝盖伞属 *Inocybe*	茶褐丝盖伞 *Inocybe umbrinella* Bres.	草坡	
129			淡紫丝盖伞 *Inocybe lilacina*（Boud.）Kauff.	平榛、毛榛灌丛	土坡
130			黄褐丝盖伞 *Inocybe flavobrunnea* Wang	山杨林、白桦林	
131			黄丝盖菌 *Inocybe fastigiata*（Schaeff.）Fr.	黑桦林	土坡
132			尖顶丝盖伞 *Inocybe napipes* Lange	蒙古栎林	土坡
133			裂丝盖伞 *Inocybe rimosa*（Bull.：Fr.）Quel	山杨林、白桦林	
134			污白丝盖菌 *Inocybe geophylla*（Sow.：Fr.）Kummer	草坡	土坡
135			小黄褐丝盖伞 *Inocybe auricoma* Fr.	草坡	土坡
136		丝膜菌属 *Cortinarius*	黄褐丝膜菌 *Cortinarius decoloratus* Fr.	黑桦林	土坡
137			类银白紫丝膜菌 *Cortinarius subargentatus* Qrton	蒙古栎林	土坡
138			牛丝膜菌 *Cortinarius bovinus* Fr.	平榛、毛榛灌丛	土坡
139		粘滑菇属 *Hebeloma*	大孢滑锈伞 *Hebeloma sacchariolens* Quel	蒙古栎林	土坡
140			大毒滑锈伞 *Hebeloma crustuliniforme*（Bull.：Fr.）Quel	草坡	
141	锈耳科 Crepidotaceae	靴菌属 *Crepidotus*	粘锈耳 *Crepidotus mollis*（Schaeff.：Fr.）Gray	油松林	土坡
142	粉褶菌科 Rhodophyllaceae	变绿粉褶菌属 *Leptonia*	绢白粉褶菌 *Leptonia sericella*（Bull：Fr.）Quel.		
143		粉褶菌属 *Rhodophyllus*	淡黄褐粉褶菌 *Rhodophyllus saundersii*（Fr.）Sacc.	草坡	土坡
144			霜白粉褶菌 *Rhodophyllus prunuloides*（Fr.）Quel	蒙古栎林	土坡
145			紫褐盖粉褶菌 *Rhodophyllus porphyrophaeus*（Fr.）Quel	蒙古栎林	土坡
146		红褶菌属 *Rhodocybe*	洁灰红褶菌 *Rhodocybe mundula*（Lasch）Sing.	胡枝子灌丛	土坡
147		丘伞属 *Nolanea*	细毛柄丘伞 *Nolanea hirtipes*（Schum.：Fr.）kummer	平榛、毛榛灌丛	土坡
148	粪锈伞科 Bolbitiaceae	田头菇属 *Agrocybe*	湿黏田头菇 *Agrocybe erebia*（Fr.）Kuhner ex Singer	平榛、毛榛灌丛	土坡
149	铆钉菇科 Gomphidiaceae	铆钉菇科 *Chroogomphis*	血红铆钉菇 *Chroogomphis rutilus*（Schaeff.：Fr.）O. K. Miller	油松林	土坡
150	齿耳菌科 Steccherinaceae	齿耳菌属 *Steccherinum*	赭黄齿耳 *Steccherinum ochraceum*（Pers.：Fr.）Gray		
151	多孔菌科 Polyporaceae	大孔菌属 *Favolus*	光盖大孔菌 *Favolus mollis* Lloyd	大果榆林	树干
152		多孔菌属 *Polyporus*	波缘多孔菌 *Polyporus confluens*（Alb. et Schw）Fr.	油松林	
153			黄多孔菌 *Polyporus elegans*（Bull.）Fr.	大果榆林	枯木

（续）

序号	科名	属名	种名	分布群落类型	攀附基质
154	多孔菌科 Polyporaceae	干酪菌属 *Tyromyces*	环纹干酪菌 *Tyromyces zonatulus*（Lloyd）Imaz	腐木	土坡
155			蹄形干酪菌 *Tyromyces lacteus*（Fr.）Murr.		
156		革盖菌属 *Coriolus*	粗毛云芝 *Coriolus hirsutus*（Wulf：Fr.）		
157			单色云芝 *Coriolus unicolor*（L.：Fr.）Pat	五角枫林	枯木
158			云芝 *Coriolus versicolor*（L.：Fr.）Quel.	大果榆林	腐木
159		集毛菌属 *Coltricia*	肉桂色集毛菌 *Coltricia cinnamomea*（Jacq.：Fr.）Murr.		
160		棱孔菌属 *Favolus*	漏斗棱孔菌 *Favolus arcularius*（Fr.）Ames.	五角枫林	枯木
161		密孔菌属 *Pycnoporus*	绯红密孔菌 *Pycnoporus coccineus*（Fr.）Bond et Sing		枯木
162		木层孔菌属 *Phellinus*	火木层孔菌 *Phellinus igniarius*（L.：Fr.）Quél.	榆叶梅灌丛	枯木
163		拟层孔菌属 *Fomitopsis*	松生拟层孔菌 *Fomitopsis pinicola*（Sw.：Fr.）Karst	小花溲疏灌丛	活树枝
164		树花属 *Grifola*	猪苓 *Grifola umbellata*（Pers.：Fr.）Pilat		
165		栓菌属 *Trametes*	朱红栓菌 *Trametes cinnabarina*（Jacq.）Fr.	路边	腐木
166		硬孔菌属 *Rigidoporus*	小孔硬孔菌 *Rigidoporus microporus*（Fr.）Overh.	大叶白蜡灌丛	土坡
167	革菌科 Thelephoraceae	革菌属 *Thelephora*	多瓣革菌 *Thelephora multipartita* Schw.		
168			帚状革菌 *Thelephora penicillata*（Pers.）	杂木林	土坡
169	鸡油菌科 Cantharellaceae	鸡油菌属 *Cantharellus*	白鸡油菌 *Cantharellus subalbidus* Smith et Morse	核桃楸林	枯木
170			漏斗鸡油菌 *Cantharellus infundibuliformis*（Scop.：Fr.）Fr.	草坡	土坡
171	卷褶菌科 Paxillaceae	卷褶菌属 *Paxillus*	卷边网褶菌 *Paxillus involutus*（Batsch）Fr.		土坡
172	裂褶菌科 Schizophyllaceae	裂褶菌属 *Schizophyllum*	裂褶菌 *Schizophyllum commne* Fr.		枯木
173	马鞍菌科 Helvellaceae	马鞍菌属 *Helvella*	棱柄马鞍菌 *Helvella lacunosa* Afz.：Fr.		枯木
174	马勃科 Lycoperdaceae	马勃属 *Lycoperdon*	白刺马勃 *Lycoperdon wrightii* Berk. & Curt.	草坡	土坡
175			梨形马勃 *Lycoperdon pyiforme* Schaeff.：Pers.	大叶白蜡灌丛	土坡
176			小马勃 *Lycoperdon pusillus* Batsch：Pers		土坡
177			长柄梨形马勃 *Lycoperdon pyriforme* Schaeff. var. *excipuliforme* Desm.	平榛、毛榛灌丛	土坡
178		秃马勃属 *Calvatia*	白(凸)马勃 *Calvatia candida*（Rostk.）Hollos	山杨林、白桦林	
179			白秃马勃 *Calvatia candida*（Rostk.）Hollos	油松林	土坡
180			大马勃 *Calvatia gigantean*（Batsch）Lloyd	油松林	土坡
181			大秃马勃 *Calvatia gigantean*（Batsch）Lloyd	草坡	土坡
182	木耳科 Auriculariales	木耳属 *Auricularia*	角质木耳 *Auricularia cornea* Fr.	平榛、毛榛灌丛	枯木
183	盘菌科 Sarcosomataceae	盘菌属 *Peziza*	泡质盘菌 *Peziza vesiculosa* Bull.：Fr.	山杨林	
184	韧革菌科 Stereaceae	韧革菌属 *Stereum*	杯状韧革菌 *Stereum cyathoides* P. Henn	平榛、毛榛灌丛	土坡
185			扁韧革菌 *Stereum ostrea*（Bl. et Nees）Fr.		

（续）

序号	科名	属名	种名	分布群落类型	攀附基质
186	枝瑚菌科 Ramariaceae	枝瑚菌属 *Ramaria*	浅黄珊瑚菌 *Ramaria flavescens*（Schaeff.）Petersen	丁香灌丛	土坡
187			小孢密枝瑚菌 *Ramaria bourdotiana* Maire	油松林	
188			长茎黄枝瑚菌 *Ramaria invalii*（Cott. & Wakef.）Donk	山杨林	

典型植被

山地草甸

华北落叶松林 Form. *Larix principis-rupprechtii*

黄桦林 Form. *Betula costata*

白桦林 Form. *Betula platyphylla*

黑桦林 Form. *Betula dahurica*

油松林 Form. *Pinus tabulaeformis*

胡桃楸林 Form. *Juglans mandshurica*

榛灌丛 Form. *Corylus heterophylla*

山杏灌丛
Form. *Armeniaca sibiri*

国家重点保护野生植物

黄檗 *Phellodendron amurense*

紫椴 *Tilia amurensis*

野大豆 *Glycine soja*

兰科植物

紫点杓兰
Cypripedium guttatum

大花杓兰 *Cypripedium macranthum*

手参 *Gymnadenia conopsea*

沼兰 *Malaxis monophyllos*

对叶兰 *Listera puberula*

勘察加鸟巢兰 *Neottia camtschatea*

野生脊椎动物

勺鸡 *Pucrasia macrolopha*

黑鹳 *Ciconia nigra*

红尾伯劳 *Lanius cristatus*

红尾水鸲 *Rhyacornis fuliginosus*

灰斑鸠 *Streptopelia decaocto*

野生脊椎动物

狗獾 *Meles meles*

猪獾 *Arctonyx collaris*

狍 *Capreolus pygargus*

豹猫 *Prionailurus bengalensis*

白条锦蛇 *Elaphe dione*

大型真菌

蜜环菌 *Armillariella mellea*

白桩菇 *Leucopaxillus candidus*

长茎黄枝瑚菌 *Ramaria invalii*

草地小脆柄菇 *Psathyrella campestris*

赤黄红菇 *Russula compacta*

堆金钱菌 *Collybia acervata*

卷边网褶菌 *Paxillus involutus*

毒蝇鹅膏菌 *Amanita muscaria*

松乳菇 *Lactarius deliciosus*

松生拟层孔菌 *Fomitopsis pinicola*

粉肉色杯伞 *Clitocybe leucodiatreta*